月　日　じ　ふん～　じ　ふん
なまえ
てん

JN059265

❶ すずめの　なかまを　◯で　かこみましょう。
くまの　なかまを　◯で　かこみましょう。
かえるの　なかまを　◯で　かこみましょう。

24てん(1つ8)

❷ うえの　えと　おなじだけ　いろを　ぬりましょう。

16てん(1つ8)

① ②

❸ ひとつずつ ―― で むすびましょう。

40てん(1つ10)

① ② ③ ④

❹ 🐻の かずだけ ♀に いろを ぬりましょう。

20てん(1つ10)

①

②

うすい せんを なぞって かんがえよう。④は、♀を ひとつ ぬるた
びに、くまに ひとつ しるしを つけて いくと いいよ。

1 うえの えと おなじだけ いろを ぬりましょう。

20てん(1つ10)

①

②

2 えの かずだけ ○に いろを ぬりましょう。

20てん(1つ10)

①

②

❸ おおい ほうに ○を つけましょう。 20てん(1つ10)

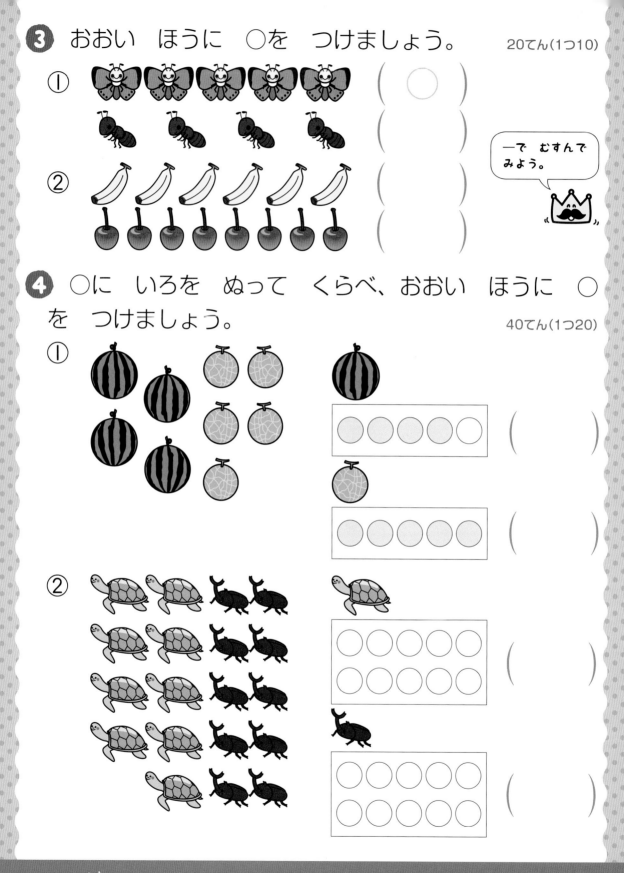

① （ ○ ）
　 （ 　 ）

② （ 　 ）
　 （ 　 ）

—で むすんで みよう。

❹ ○に いろを ぬって くらべ、おおい ほうに ○を つけましょう。 40てん(1つ20)

①
（ 　 ）
（ 　 ）

②
（ 　 ）
（ 　 ）

❸は、ひとつずつ せんで むすんで みて、あまった ほうが おおい んだよ。

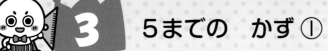

3 5までの かず ①

❶ おなじ かずを —— で むすびましょう。 25てん(1つ5)

 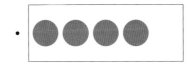

ゆびで
おさえて
みよう。

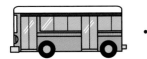 

❷ よみましょう。 25てん(1つ5)

いち　に　さん　し　ご

＊「よん」とも
いいます。

❸ すうじの かずだけ ○に いろを ぬりましょう。

25てん(1つ5)

① 2 ◯◯○○○

② 1 ○○○○○

③ 5 ○○○○○

④ 3 ○○○○○

⑤ 4 ○○○○○

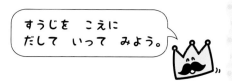

すうじを こえに
だして いって みよう。

❹ おなじ かずを ── で むすびましょう。 25てん(1つ5)

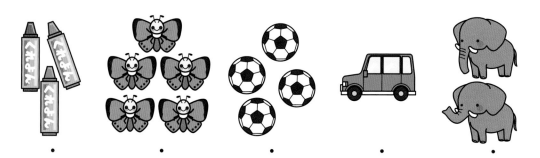

4   1   3   2   5

かずを かぞえる ときは こえに だすと まちがえないよ。

月 日　じ ふん〜 じ ふん

なまえ

てん

❶ おなじ かずを ——で むすびましょう。 20てん(1つ5)

　　2

　●●●●　3

🌂🌂🌂🌂　●●　5

❷ 5までの かずを かきましょう。 20てん(1つ4)

① 　| ↓1 | | | | |

② 　2 2

③ 　3 3

④ 　

⑤ 　

7

❸ すうじで かきましょう。

40てん(1つ5)

① 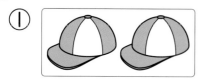   ②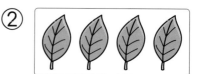

③    ④

⑤    ⑥

⑦    ⑧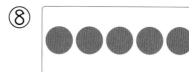

❹ むしの かずを かぞえて すうじで かきましょう。

20てん(1つ4)

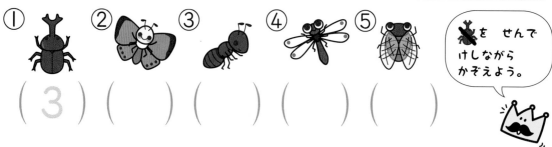

① ② ③ ④ ⑤

(3) ( ) ( ) ( ) ( )

むしを せんで けしながら かぞえよう。

「5」は かきじゅんに ちゅうい しよう。

月 日 じ ふん〜 じ ふん

なまえ

てん

① えと おなじに なるように、○に いろを ぬり、□に その かずを かきましょう。

25てん（1つ5）

🌽🌽 ——— ⭕⭕○○○ ——— 2

🚲 ——— ○○○○○ ———

🍦🍦🍦 ——— ○○○○○ ———

（てんとうむし5ひき） ——— ○○○○○ ———

🐌🐌🐌 ——— ○○○○○ ———

② すうじで かきましょう。

30てん（1つ5）

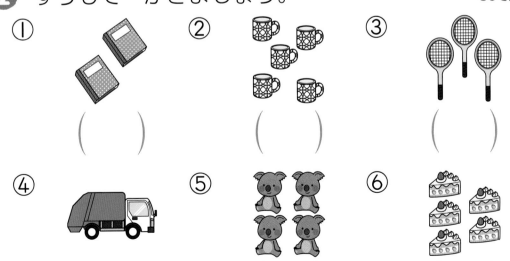

① （　　）

② （　　）

③ （　　）

④ （　　）

⑤ （　　）

⑥ （　　）

③ おおい　ほうに　○を　つけましょう。

25てん(1つ5)

① 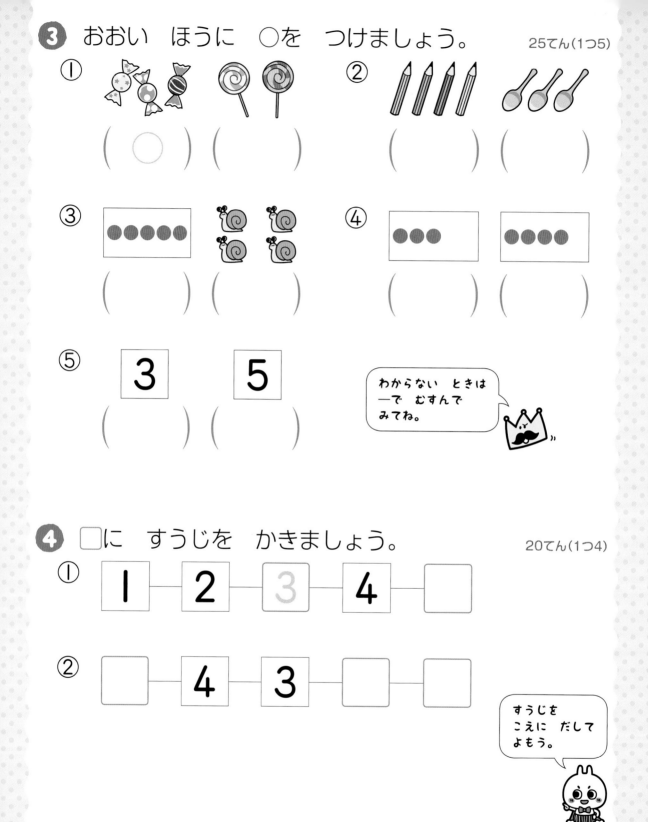　　　②

(○)　(　)　　　(　)　(　)

③　　　　　　　　　④

(　)　(　)　　　(　)　(　)

⑤　3　　5

(　)　(　)

わからない　ときは
―で　むすんで
みてね。

④　□に　すうじを　かきましょう。

20てん(1つ4)

①　1　2　3　4　□

②　□　4　3　□　□

すうじを
こえに　だして
よもう。

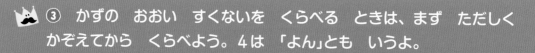 ③　かずの　おおい　すくないを　くらべる　ときは、まず　ただしく　かぞえてから　くらべよう。4は　「よん」とも　いうよ。

10までの　かずと　すうじの　よみかた

① おなじ　かずを　──で　むすびましょう。　25てん(1つ5)

 ・　　　　　　・

 ・　　　　　　・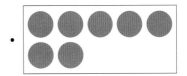

 ・　　　　　　・

 ・　　　　　　・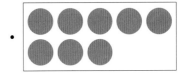

 ・　　　　　　・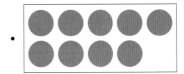

② よみましょう。　25てん(1つ5)

6	7	8	9	10
ろく	しち	はち	く	じゅう

＊「なな」とも
いいます。

＊「きゅう」とも
いいます。

3 すうじの かずだけ ○に いろを ぬりましょう。

20てん(1つ5)

① 7 ○○○○○ ○○○○○

② 6 ○○○○○ ○○○○○

③ 10 ○○○○○ ○○○○○

④ 8 ○○○○○ ○○○○○

4 おなじ かずを ―― で むすびましょう。 30てん(1つ6)

10 6 8 7 9

👑 ③の ①は、 7は 5と あと いくつか かんがえよう。

7 10までの かずと すうじの かきかた

月 日 じ ふん〜 じ ふん
なまえ
てん

❶ 10までの かずを かきましょう。

20てん（1つ4）

① 6 6

② 7 7

③ 8 8

④ 9 9

⑤ 10 10

❷ すうじで かきましょう。

20てん（1つ5）

①

□

②

□

③

□

④

□

3 おおい　ほうに　○を　つけましょう。　　30てん（1つ5）

① 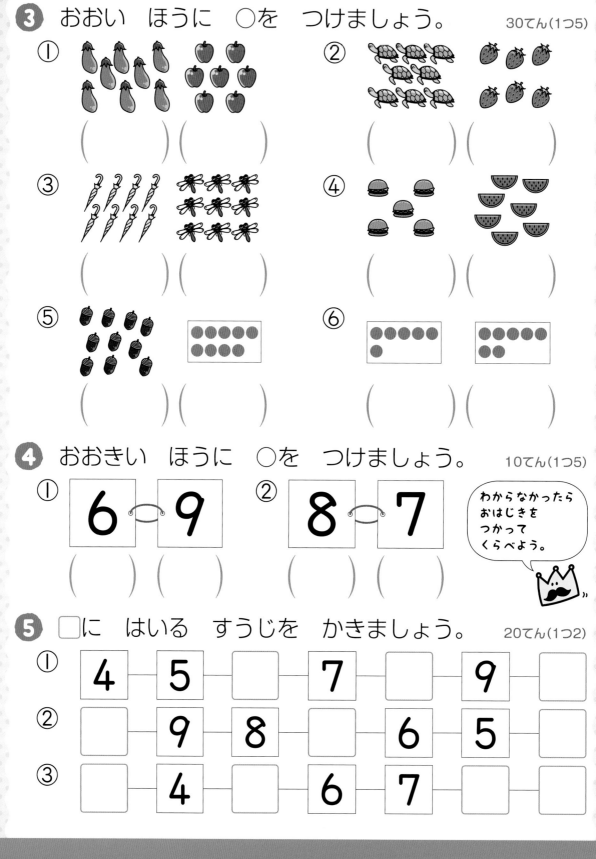　　②

（　　　）（　　　）　　　　（　　　）（　　　）

③　　　　　　　　　　　　④

（　　　）（　　　）　　　　（　　　）（　　　）

⑤　　　　　　　　　　　　⑥

（　　　）（　　　）　　　　（　　　）（　　　）

4 おおきい　ほうに　○を　つけましょう。　　10てん（1つ5）

① 6 — 9　　② 8 — 7

（　　　）（　　　）　　　　（　　　）（　　　）

わからなかったら
おはじきを
つかって
くらべよう。

5 □に　はいる　すうじを　かきましょう。　　20てん（1つ2）

① | 4 | 5 | | 7 | | 9 | |

② | | 9 | 8 | | 6 | 5 | |

③ | | 4 | | 6 | 7 | | |

⑤　どのような　かずの　ならびかたに　なって　いるか　かんがえよう。

8　0と いう かず

① すうじを かきましょう。　4てん

れい

| 0 | 0 | | | |

2 こ　　　　0 こ

0は 「れい」と よむよ。

② えを みて かずを かきましょう。　44てん(1つ4)

①

(2)に　　(l)に　　(0)に

②

( )ぼん( )ほん( )ぽん( )ほん

③

( )わ　( )わ　( )わ　( )ば

③ □に はいる すうじを かきましょう。　12てん(1つ2)

① | | l | 2 | | 4 | 5 | |

② | 6 | | 4 | | 2 | l | |

15

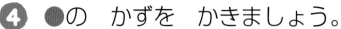

4 ●の かずを かきましょう。

① （　　）　　② （　　）

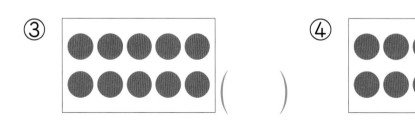

③ （　　）　　④ （　　）

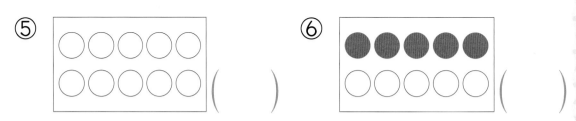

⑤ （　　）　　⑥ （　　）

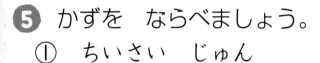

5 かずを ならべましょう。

① ちいさい じゅん

まず いちばん ちいさい かずを さがそう。

（ 4 → → ）

② おおきい じゅん

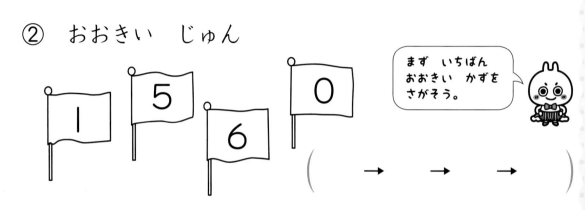

まず いちばん おおきい かずを さがそう。

（ → → → ）

0は 「なにも ない」 ことを あらわす すうじだよ。0の かきかた にも きを つけよう。

9 なんばんめ

1 いろを ぬりましょう。　　　12てん(1つ6)

① まえから 5ばんめ

② うしろから 4ばんめ

2 えを みて こたえましょう。　　　32てん(1つ8)

① 🐻は みぎから なんばんめでしょう。

（　　　）ばんめ

② 🐻は ひだりから なんばんめでしょう。

（　　　）ばんめ

③ 🐘は みぎから なんばんめでしょう。

（　　　）ばんめ

④ 🐑は ひだりから なんばんめでしょう。

（　　　）ばんめ

17

❸ わたるさんは、まえから　なんばんめでしょう。
また、うしろから　なんばんめでしょう。

16てん(1つ8)

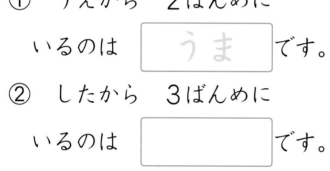

まえ
うしろ

ともき　　まみ　　しょうた　　なつみ　　わたる　　まゆ

まえから　□　ばんめ、うしろから　□　ばんめ

❹ □に　どうぶつの　なまえや　かずを　かきましょう。

40てん(1つ8)

① うえから　2ばんめに

いるのは　うま　です。

② したから　3ばんめに

いるのは　□　です。

③ うえから　5ばんめに

いるのは　□　です。

④ らいおんは　うえから

□ ばんめで、したから

□ ばんめです。

らいおん

うま

さる

ねこ

ねずみ

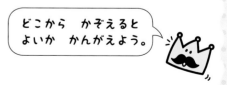

どこから　かぞえると
よいか　かんがえよう。

「まえから、うしろから」「うえから、したから」「みぎから、ひだりから」と
いろいろな　あらわしかたが　あるよ。よく　たしかめてね。

10 なんばんめ、なんこ

❶ ◯で かこみましょう。 40てん(1つ10)

① まえから 3びき

② まえから 3ばんめ

③ みぎから 5こ

④ みぎから 5ばんめ

❷ あおい ぼうしは ひだりから なんこ あるでしょう。 10てん

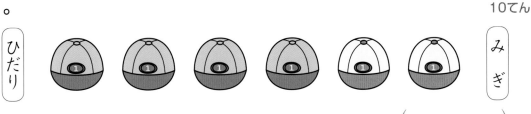

( )こ

❸ いろを ぬりましょう。　　　　　　　　30てん(1つ10)

① みぎから 5ばんめ

② ひだりから 3こ

③ うしろから 4ばんめ

❹ えを みて こたえましょう。　　　　　　20てん(1つ5)

① ぼうしを かぶって いる

ひとは、まえから □ にんです。

② かさを もって いる ひとは、

まえから □ ばんめです。

③ けんたさんは うしろから

□ にんめ、まえから □ に

んめに います。

「みぎから なんばんめ」と 「みぎから なんこ」の ちがいに ちゅういしよう。「なんばんめ」は じゅんばん、「なんこ」は あつまりを あらわすよ。

11 まとめの テスト

1 えを みて こたえましょう。　24てん(1つ6)

① めろんは [　] こ　　② すいかは [　] こ

③ 5こ あるのは [　　　　　]

④ 8こ あるのは [　　　　　]

2 おおきい ほうに ○を つけましょう。　24てん(1つ6)

①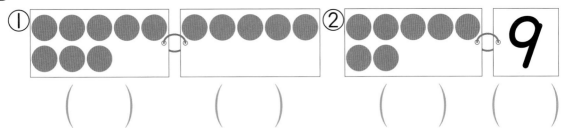

(　)　(　)　(　)　(　)

③ 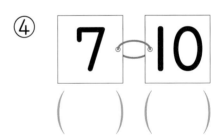 4 — 5

(　) (　)

④ 7 — 10

(　) (　)

3 □に はいる すうじを かきましょう。 　　　25てん(1つ5)

① | 10 | □ | 8 | □ | 6 | 5 |

② | □ | 1 | □ | 3 | 4 | □ |

4 たって いる こどもは まえから なんばんめで
しょう。また、うしろから なんばんめでしょう。

　　　　　　　　　　　　　　　　　　　12てん(1つ6)

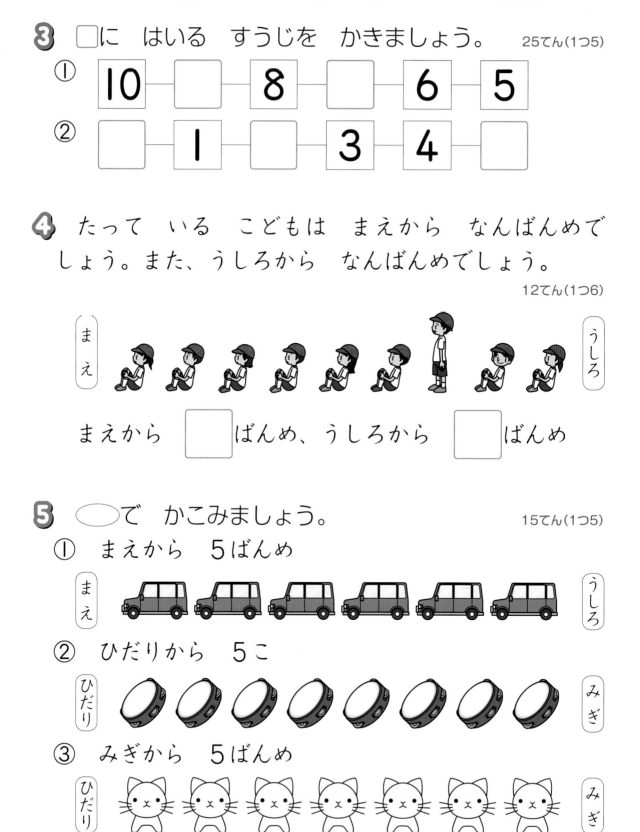

まえから [　] ばんめ、うしろから [　] ばんめ

5 ◯で かこみましょう。 　　　15てん(1つ5)

① まえから 5ばんめ

② ひだりから 5こ

③ みぎから 5ばんめ

12 20までの かず①

がつ 月	にち 日	じ	ふん〜	じ	ふん

なまえ

てん

❶ かずを かぞえましょう。　　　　50てん(1つ5)

①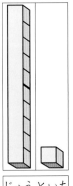

じゅうといち
↓
じゅういち

11

②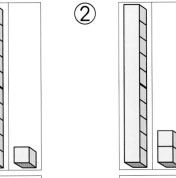

じゅうとに
↓
じゅうに

③

じゅうとさん
↓
じゅうさん

④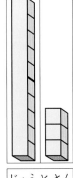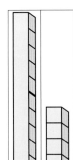

じゅうとし
↓
じゅうし

⑤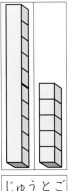

じゅうとご
↓
じゅうご

15

⑥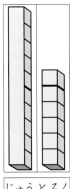

じゅうとろく
↓
じゅうろく

16

⑦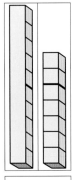

じゅうとしち
↓
じゅうしち

17

⑧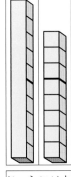

じゅうとはち
↓
じゅうはち

18

⑨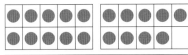

じゅう と く
↓
じゅうく

⑩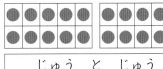

じゅう と じゅう
↓
にじゅう

2 ●の かずを かきましょう。 15てん(1つ5)

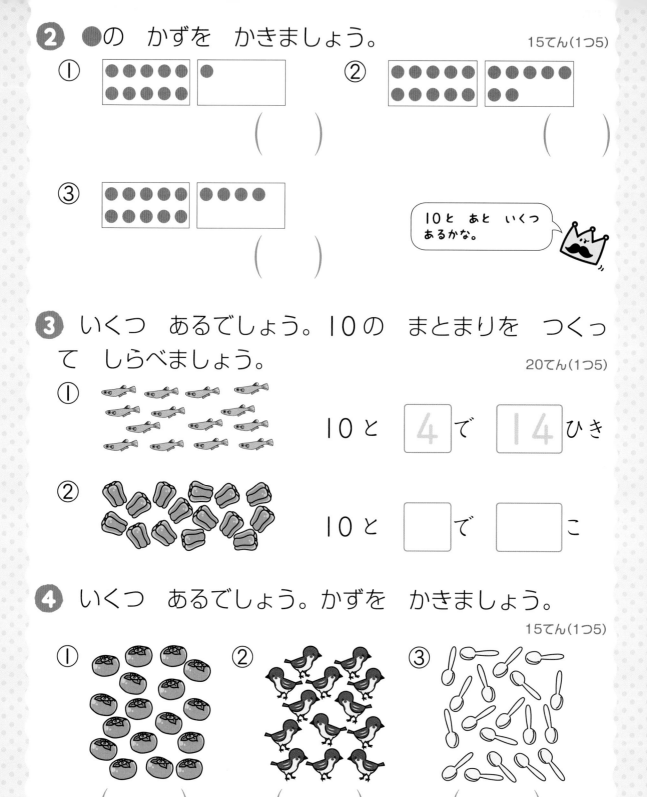

① ( )

② ( )

③ ( )

10と あと いくつ
あるかな。

3 いくつ あるでしょう。10の まとまりを つくっ
て しらべましょう。 20てん(1つ5)

① 10と 4 で 14 ひき

② 10と [ ] で [ ] こ

4 いくつ あるでしょう。かずを かきましょう。 15てん(1つ5)

① ( ) こ

② ( ) ば

③ ( ) ほん

13 20までの かず ②

❶ つぎの かずだけ ○を かきましょう。　　20てん(1つ4)

① **17**
② **11**
③ **20**

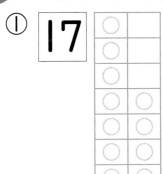
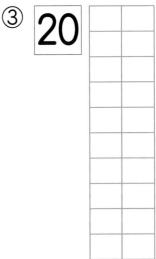

④ **14**

⑤ **18**

10と
いくつかな

❷ おおきい ほうに ○を つけましょう。　　20てん(1つ5)

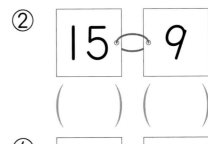

① **20 ― 12**
　(　)　(　)

② **15 ― 9**
　(　)　(　)

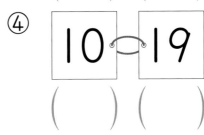

③ **18 ― 17**
　(　)　(　)

④ **10 ― 19**
　(　)　(　)

③ いくつ あるでしょう。かずを かきましょう。

30てん(1つ5)

① 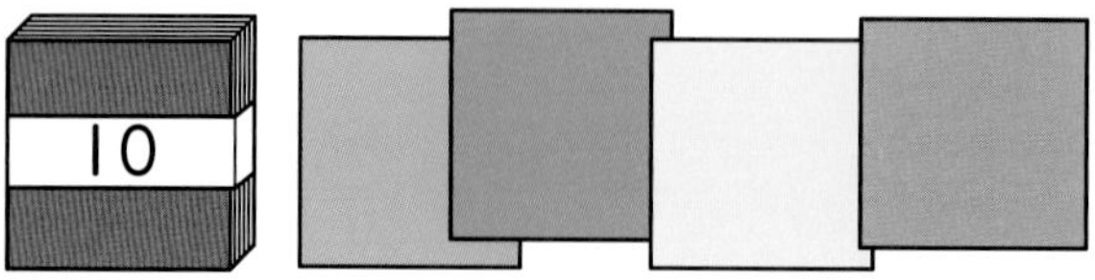 10 ( )まい

② 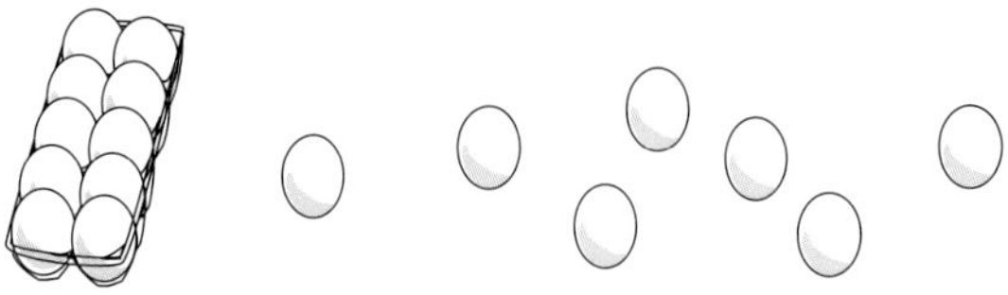 ( )こ

③  ( )こ

④ 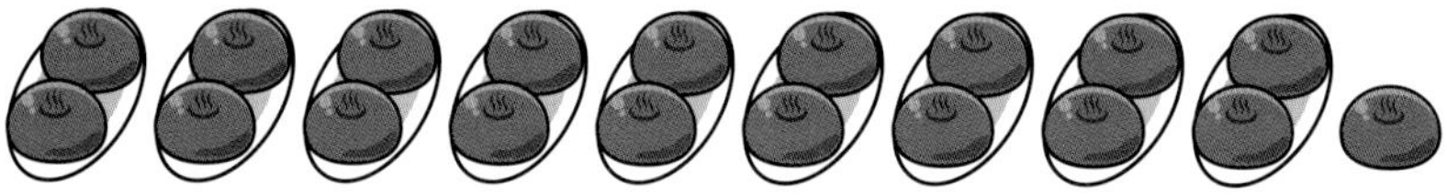 ( )こ

⑤  ( )ぽん

⑥  ( )こ

④ □に はいる かずを かきましょう。

30てん(1つ3)

① | | 15 | | 17 | | 19 | 20 |

② | 8 | 10 | | 14 | | 18 | |

③ | | 16 | | 12 | | 8 | |

③の ③〜⑥は、2とびや 5とびの かぞえかたで かぞえてみよう。
できる ように して おくと、やくに たつよ。

14 **20までの かず③**

| | | | じ | ふん～ | じ | ふん |
|月|日| | | | | |

なまえ

てん

1 おおきい ほうに ○を つけましょう。　12てん(1つ3)

①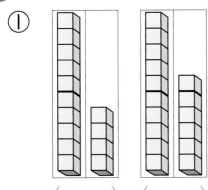

（　）（　）

②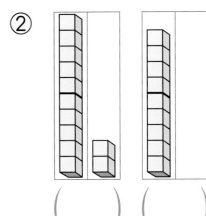

（　）（　）

③ |16|⌒|19|

（　）（　）

④ |11|⌒|14|

（　）（　）

2 □に はいる かずを かきましょう。　28てん(1つ4)

①
□ |15|14|□|12|□|10|9

②
6|□|10|12|□|16|□|□

3 □に はいる かずを かきましょう。　12てん(1つ3)

① 12は 10と □　　② 19は 10と □

③ 10と 3で □　　④ 16は □と 6

❹ かずの　せんを　みて、□に　はいる　かずを　かき
ましょう。

20てん(1つ4)

0　1　2　3　4　5　6　7　8　9　10　11　12　13　14　15　16　17　18　19　20

① 5より　3　おおきい　かずは　□です。

② 13より　4　おおきい　かずは　□です。

③ 16より　6　ちいさい　かずは　□です。

④ 15より　9　ちいさい　かずは　□です。

⑤ 20より　3　ちいさい　かずは　□です。

❺ □に　はいる　かずを　かきましょう。

28てん(1つ4)

①

0　1　3　4　5　6　8　9　10　11　12　13　15　16　17　18　19　20

②

0　5　10　15　20

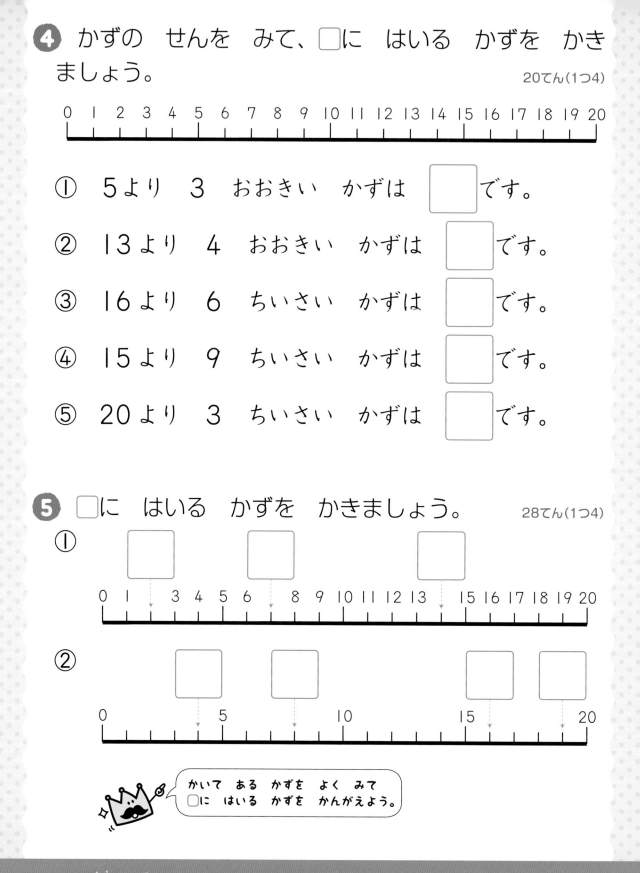

かいて　ある　かずを　よく　みて
□に　はいる　かずを　かんがえよう。

かずの　せんは　みぎに　いくほど　かずが　おおきく　なって、ひだり
に　いくほど　かずが　ちいさく　なるよ。

15 100までの かずの かぞえかたと かきかた①

1 いくつ あるでしょう。10の まとまりを つくってから □に はいる かずを かきましょう。

28てん(1つ7)

①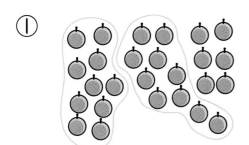

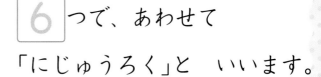

・10が [2]つと のこりが [6]つで、あわせて 「にじゅうろく」と いいます。

②

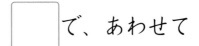

・10が [ ]つと のこりが [ ]で、あわせて 「さんじゅう」と いいます。

2 すうじで かきましょう。

21てん(1つ7)

①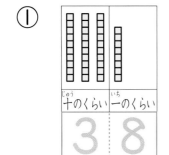

十のくらい	一のくらい
3	8

②

十のくらい	一のくらい

③

十のくらい	一のくらい

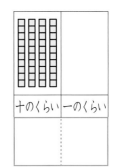

一のくらいの すうじは なにかな。

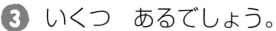

❸ いくつ あるでしょう。

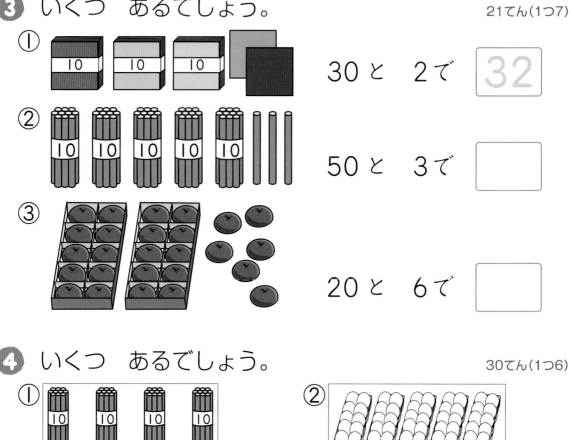

① 30と 2で 32

② 50と 3で ▢

③ 20と 6で ▢

❹ いくつ あるでしょう。

30てん（1つ6）

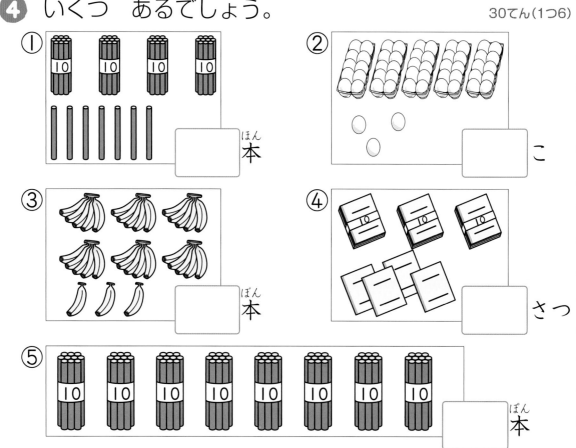

① ▢ 本

② ▢ こ

③ ▢ 本

④ ▢ さつ

⑤ ▢ 本

🐭 大きい かずを かぞえる ときは 10こずつ ○で かこんで
10が いくつ あるか しらべよう。

100までの かずの かぞえかたと かきかた②

1 いくつ あるでしょう。　20てん(1つ4)

①  (　　)こ

② (　　)本

③ 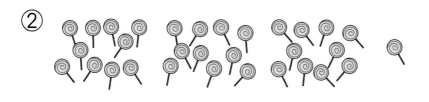 (　　)こ

④  (　　)こ

⑤ (　　)ぴき

2 □に かずを かきましょう。　10てん(1つ5)

① 42は 40と □　② 78は □ と 8

31

❸ かずを かきましょう。

①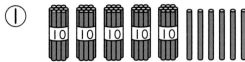

十のくらい 一のくらい

5　6

こたえ　56 本

②

十のくらい 一のくらい

こたえ　　　こ

❹ □に かずを かきましょう。

① 十のくらいが 9、一のくらいが 3の かずは

10の あつまりが 9つと
1が 3つだよ。

② 40の 十のくらいは 、一のくらいは

③ 10が 6つと 1が 2つで　62

④ 10が 4つと 1が 7つで □

⑤ 94は 10が　9 つと 1が　4 つ

⑥ 80は 10が □ つ

👑 十のくらいの すうじは 10の あつまりが いくつ あるかを あら
わして いるよ。

17　100までの　かず①

月	日	じ	ふん〜	じ	ふん

なまえ

てん

① いくつでしょう。　　　　　　　　　10てん(1つ5)

① [10] が　7つ　　　　　② [10] が　10こ

（　　　　　）　　　　　　（　　　　　）

② 100までの　かずの　ならびかたを　見て、下の
もんだいに　こたえましょう。

40てん(1つ20)

0	1	2	3	4	5	6	7	8	9
10	11	12	13	14	15	16	17	18	19
20	21	22	23	24	25	26	27	28	29
30	31	32	33	34	35	36	37	38	39
40	41	42	43	44	45	46	47	48	49
50	51	52	53	54	55	56	57	58	59
60	61	62	63	64	65	66	67	68	69
70	71	72	73	74	75	76	77	78	79
80	81	82	83	84	85	86	87	88	89
90	91	92	93	94	95	96	97	98	99
100									

十のくらいが　おなじ
かずの　すうじは
よこに　ならんでいるよ。

一のくらいが　おなじ
かずは　どうかな。

① 十のくらいが　2の　かずを　ぜんぶ　かきましょ
う。　（　　　　　　　　　　　　　　　　）

② 一のくらいが　7の　かずを　ぜんぶ　かきましょ
う。　（　　　　　　　　　　　　　　　　）

33

3 あいて いる □に じゅんに かずを かきましょう。

0	1	2	3	4	5	6	7		9
10		12	13	14	15		17		19
20	21	22	23		25	26	27	28	29
	31		33	34		36	37		39
40	41	42		44	45	46		48	
50	51	52	53	54		56	57	58	59
60		62	63		65	66		68	69
	71	72	73	74	75		77	78	79
80	81		83		85	86	87	88	
90	91	92		94	95		97	98	

😺 100までの かずを こえに だして なんども いって みよう。
おふろなどで かぞえて れんしゅうすると いいよ。

18 100までの かず ②

1 □に かずを かきましょう。 20てん(1つ10)

① 10が 10こで □

② 100より 1 小さい かずは □

2 100までの かずの ならびかたを 見て、下の もんだいに こたえましょう。 40てん(1つ10)

0	1	2	3	4	5	6	7	8	9
10	11	12	13	14	15	16	17	18	19
20	21	22	🍃	🌸	🍃	26	27	28	29
30	31	32	33	34	35	36	37	38	39
40	41	42	43	44	45	46	47	48	49
50	51	52	🍊	54	55	56	57	58	59
60	61	🍊	🍎	🍊	65	66	67	68	69
70	71	72	🍊	74	75	76	77	78	79
80	81	82	83	84	85	86	87	88	89
90	91	92	93	94	95	96	97	98	99
100									

① 🌸の かずは なんでしょう。

(　　　)

② 🍎の かずは なんでしょう。

(　　　)

③ 一のくらいが 1の かずを ぜんぶ かきましょう。
(　　　　　　　　　　　　　　　)

④ 十のくらいが 8の かずを ぜんぶ かきましょう。
(　　　　　　　　　　　　　　　)

❸ かずの　大きい　ほうに　○を　つけましょう。

20てん（1つ5）

①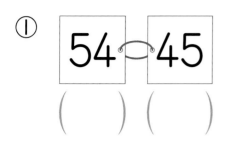
（　　　）（　　　）

②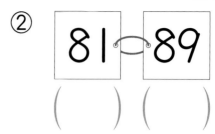
（　　　）（　　　）

③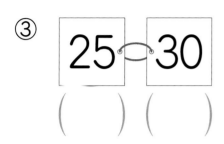
（　　　）（　　　）

④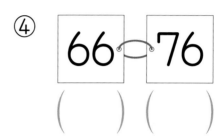
（　　　）（　　　）

❹ かずを　ならべましょう。

20てん（1つ10）

① 小さい　じゅん

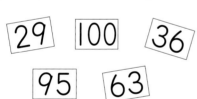

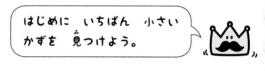

はじめに　いちばん　小さい
かずを　見つけよう。

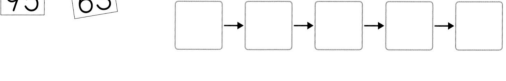

② 大きい　じゅん

80　88　55
78　93

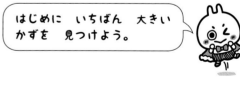

はじめに　いちばん　大きい
かずを　見つけよう。

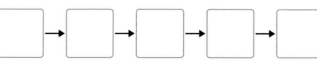

👑 1から　100までの　かずが　ただしく　いえるか　なんども
れんしゅうしよう。

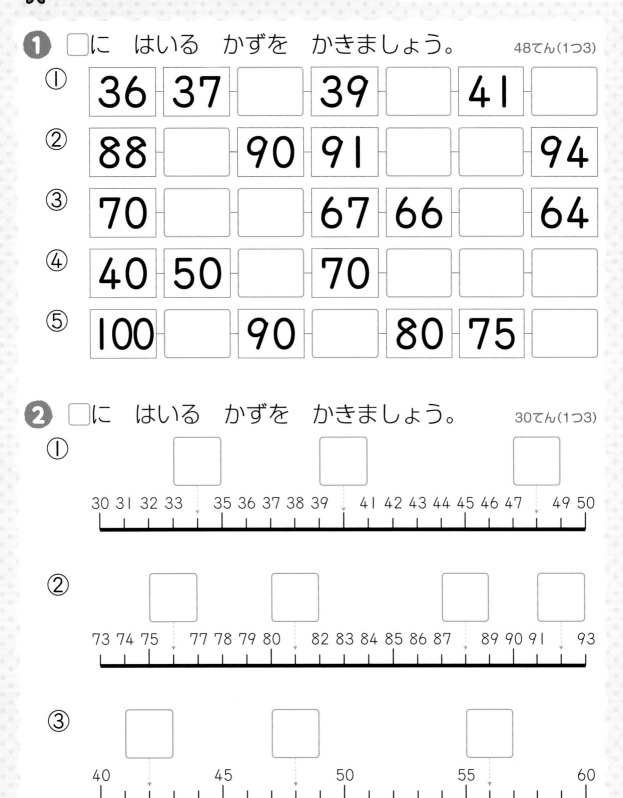

19 100までの かず ③

1 □に はいる かずを かきましょう。　48てん（1つ3）

① | 36 | 37 | | 39 | | 41 | |

② | 88 | | 90 | 91 | | | 94 |

③ | 70 | | | 67 | 66 | | 64 |

④ | 40 | 50 | | 70 | | | |

⑤ | 100 | | 90 | | 80 | 75 | |

2 □に はいる かずを かきましょう。　30てん（1つ3）

①
30 31 32 33　35 36 37 38 39　41 42 43 44 45 46 47　49 50

②
73 74 75　77 78 79 80　82 83 84 85 86 87　89 90 91　93

③
40　45　50　55　60

❸ かずの せんを 見^みて □に はいる かずを かき
ましょう。

6てん(1つ3)

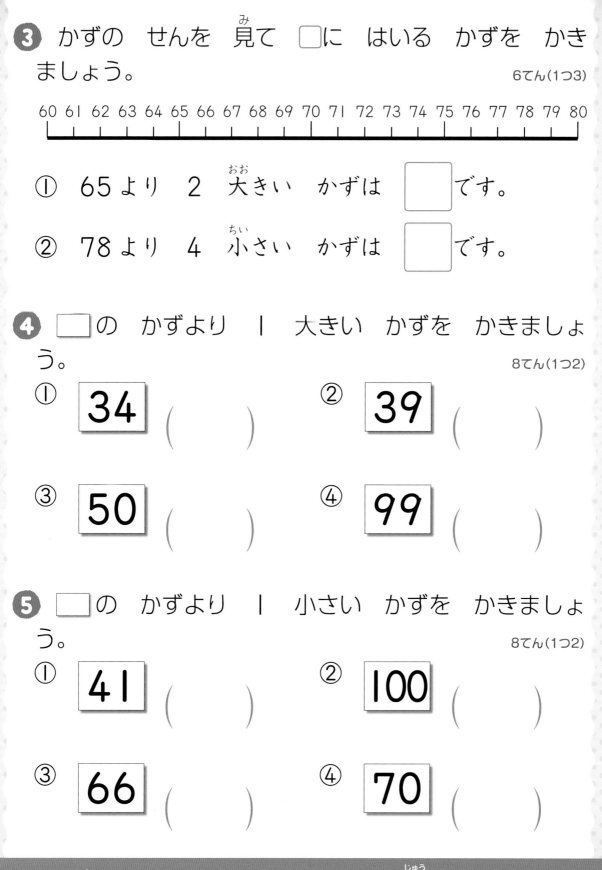

```
60 61 62 63 64 65 66 67 68 69 70 71 72 73 74 75 76 77 78 79 80
```

① 65より 2 大^{おお}きい かずは □ です。

② 78より 4 小^{ちい}さい かずは □ です。

❹ □の かずより 1 大きい かずを かきましょ
う。

8てん(1つ2)

① 34 (   )   ② 39 (   )

③ 50 (   )   ④ 99 (   )

❺ □の かずより 1 小さい かずを かきましょ
う。

8てん(1つ2)

① 41 (   )   ② 100 (   )

③ 66 (   )   ④ 70 (   )

2けたの かずの 大きさを くらべるとき、十^{じゅう}のくらいが おなじ か
ずなら 一^{いち}のくらいの かずで くらべるよ。

20 100より 大きい かず

❶ いくつ あるでしょう。 21てん(1つ3)

①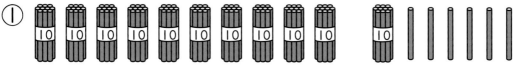

10 が 10 こで 100 、100 と 16 で 116

こたえ (116)本

116は 「ひゃくじゅうろく」と よむよ。

②

10 が 10 こで □ 、100 と □ で 120

こたえ ( )こ

❷ □に はいる かずを かきましょう。 21てん(1つ3)

100	101	102		104		106		108	109
110		112	113		115	116	117		

❸ なん円 あるでしょう。 9てん(1つ3)

①

(110)円

②

( )円

③

( )円

4 かずの 大きい ほうに ○を つけましょう。

16てん(1つ4)

① 97 ─ 107
( ) (○)

② 89 ─ 109
( ) ( )

③ 102 ─ 112
( ) ( )

④ 126 ─ 123
( ) ( )

5 □に はいる かずを かきましょう。

30てん(1つ3)

① | 98 | 99 | | 101 | | 103 | |

② | 120 | | 118 | | 116 | 115 | |

③ | | 70 | 80 | | | 110 | |

6 100円で かえるのは なんでしょう。

3てん

125円　88円　105円　118円

( )

100より 大きい かずは 2年生に なったら もっと くわしく
べんきょうするよ。

1 いくつ あるでしょう。 15てん（1つ5）

①

（　　　）に

②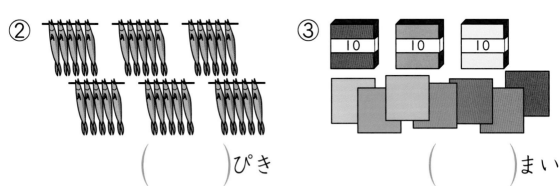

（　　　）ぴき

③

（　　　）まい

2 □に はいる かずを かきましょう。 30てん（1つ5）

① 十のくらいが　2、一のくらいが　0の　かずは

[　　　]

② 68は　10が　[　　　]つと　1が　[　　　]つ

③ 17は　10と　[　　　]

④ 14は　[　　　]と　4

⑤ 90より　1　小さい　かずは　[　　　]

3 かずの 大きい ほうに ○を つけましょう。

20てん(1つ5)

①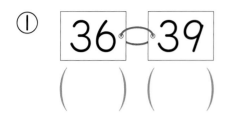
( )　( )

②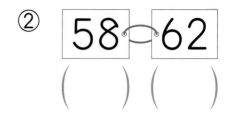
( )　( )

③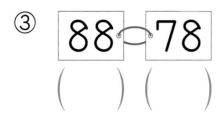
( )　( )

④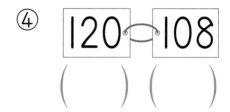
( )　( )

4 □に かずを かきましょう。

30てん(1つ3)

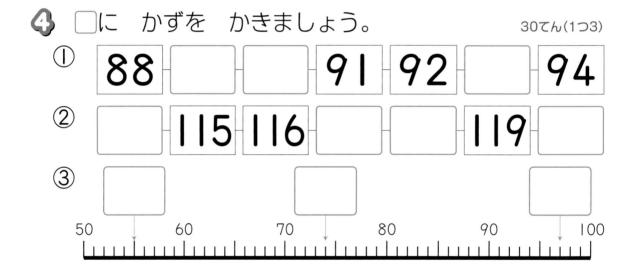

① 88 □ □ 91 92 □ 94

② □ 115 116 □ □ 119 □

③

5 かずの 大きい じゅんに ならべかえましょう。

5てん

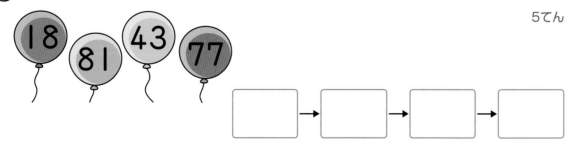

□ → □ → □ → □

22 いろいろな かたち

月 日	じ ふん〜 じ ふん
なまえ	
	てん

❶ おなじ かたちを ―― で むすびましょう。 20てん(1つ5)

・　　　　　・　　　　　・　　　　　・

・　　　　　・　　　　　・　　　　　・

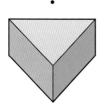　　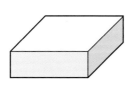　　　　

❷ □の なかの かたちと おなじ かたちに ○を
つけましょう。

24てん(1つ8)

① 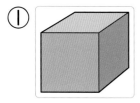　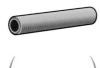　　　

（　　）（　　）（　　）（　　）

② 　　　　

（　　）（　　）（　　）（　　）

③ 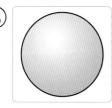　　　　

（　　）（　　）（　　）（　　）

43

3 つみきを つかって くるまを つくりました。
つかった つみきは なんこでしょう。 18てん(1つ6)

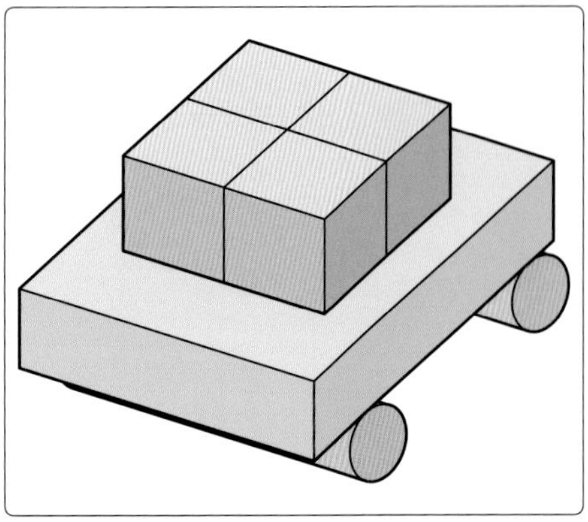

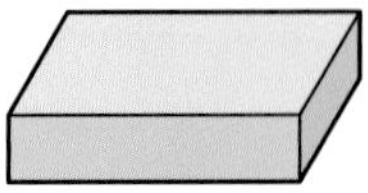

(   )こ

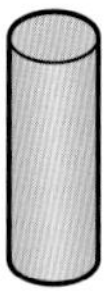

(   )こ

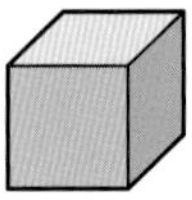

(   )こ

4 ◺、⬭、▱の つみきを なんこか つかっても
できない かたちは、どれでしょう。 24てん

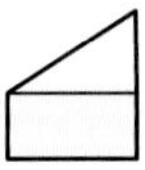

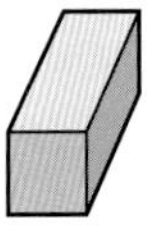

あ 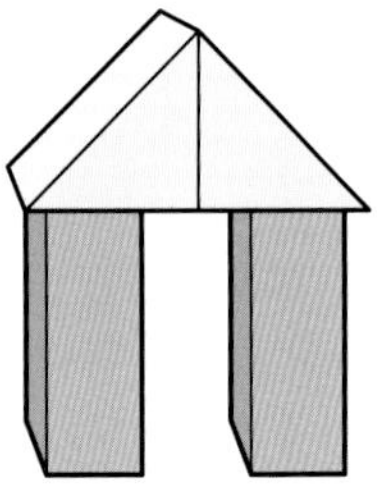   い 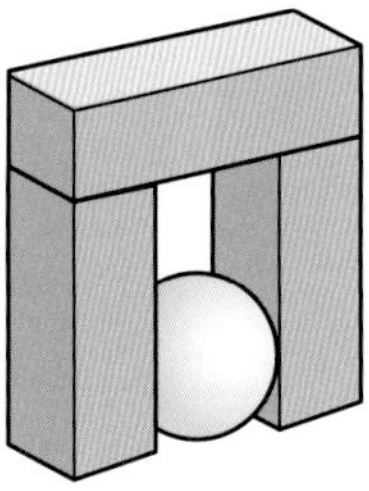   う

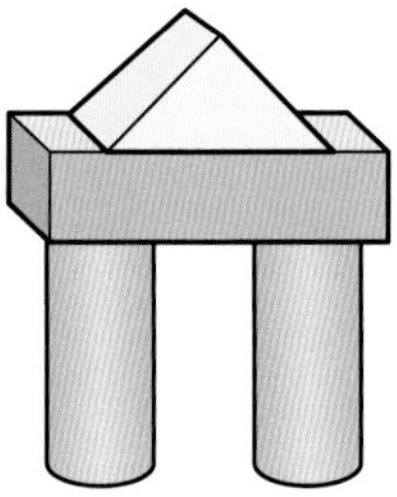

(   )

5 ちがう なかまの かたちは どれでしょう。 14てん(1つ7)

① あ 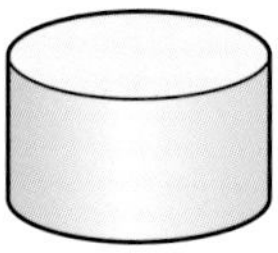   い 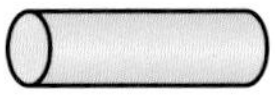   う

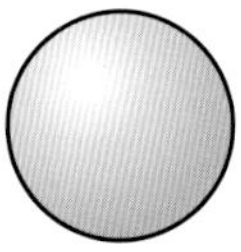

(   )

② あ 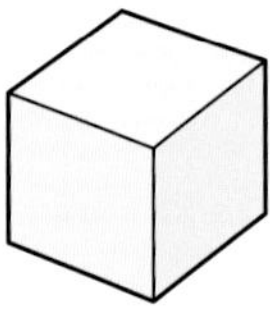   い 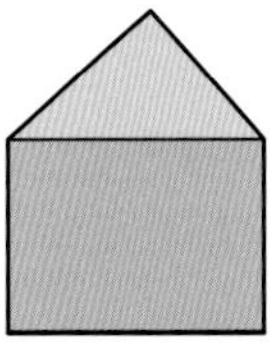   う

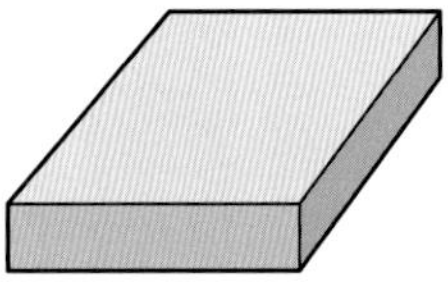

(   )

みの まわりに ある ものの かたちを しらべてみよう。

月　日　　じ　ふん〜　じ　ふん

なまえ

てん

1 ひだりの つみきを つぎの ように うつしとりました。できる かたちに ○を つけましょう。

24てん(1つ8)

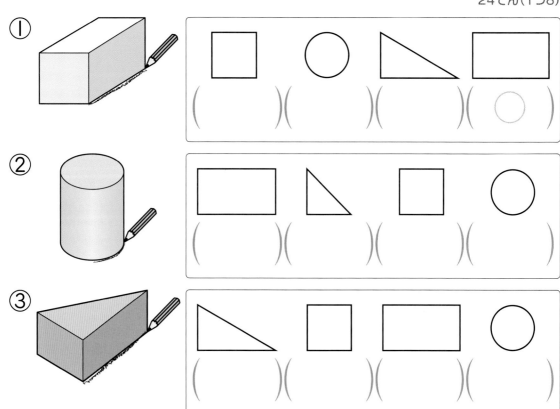

① （　）（　）（　）（　）

② （　）（　）（　）（　）

③ （　）（　）（　）（　）

2 つみきを つぎの ように うつすと どんな かたちが かけるか ―― で むすびましょう。

24てん(1つ6)

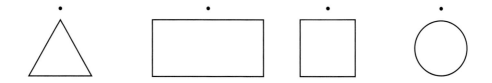

3 したの　かたちを　つかって　えを　かきましょう。

24てん（1つ6）

4 したの　えは　つぎの　つみきの　↓の　ところを
なんかい　うつして　かいたでしょう。

18てん（1つ6）

あ　（　　）かい　　い　（　　）かい　　う　（　　）かい

5 したの　つみきで　うつしとれる　かたち　ぜんぶに
○を　つけましょう。

10てん

（　　　　）（　　　　）（　　　　）（　　　　）

ひとつの　つみきでも　たてたり　たおしたりすると、いろいろな　かた
ちが　かけるよ。やってみよう。

46

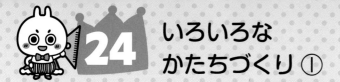
❶ 下の かたちは ◢ が なんまいで できて いる
でしょう。

56てん(1つ7)

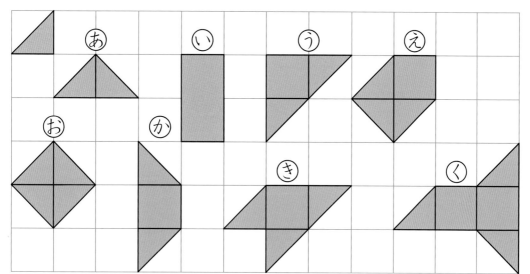

あ (　　　)まい　　い (　　　)まい　　う (　　　)まい

え (　　　)まい　　お (　　　)まい　　か (　　　)まい

き (　　　)まい　　く (　　　)まい

❷ ◢ を 3まい ならべました。つないだ ところ
に せんを かきましょう。

14てん(1つ7)

あ
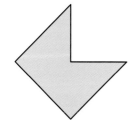

い

③ 左の かたちと おなじ かたちを かきましょう。

12てん(1つ6)

①

②

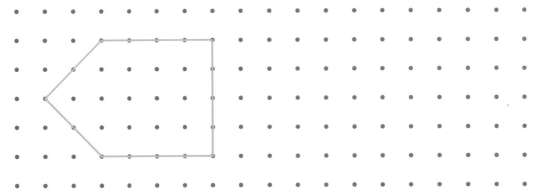

④ 下の かたちは なん本の ぼうで できて いるでしょう。

18てん(1つ6)

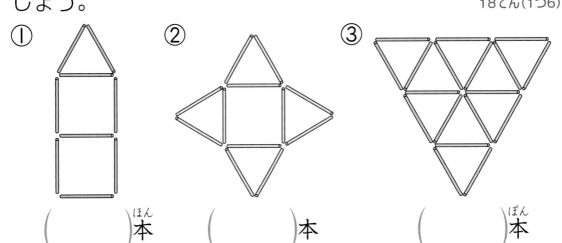

① ( )本

② ( )本

③ ( )本

△を くみあわせると いろいろな かたちが できるね。おもしろい かたちを つくって みよう。

48

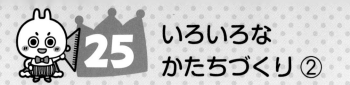

25 いろいろな かたちづくり ②

月 日	じ ふん〜 じ ふん
なまえ	
	てん

1 下の かたちは 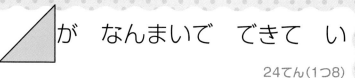 が なんまいで できて いるでしょう。

24てん(1つ8)

① ② ③

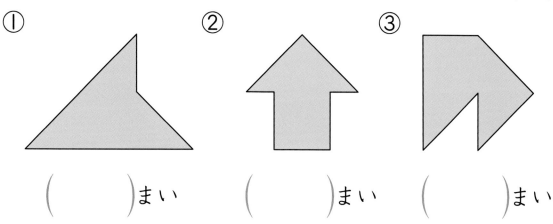

( )まい　　( )まい　　( )まい

2 左の かたちと おなじ かたちを かきましょう。

20てん(1つ10)

①

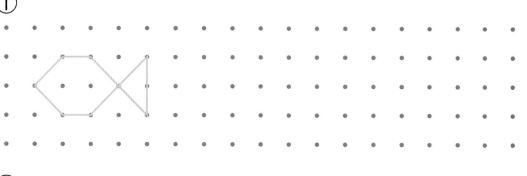

②

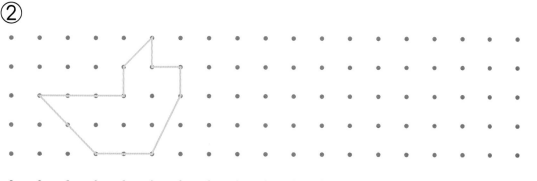

3 ぼうを つかって できる かたち ぜんぶに ○を つけましょう。

40てん（1つ8）

① 6本の ぼうを つかう

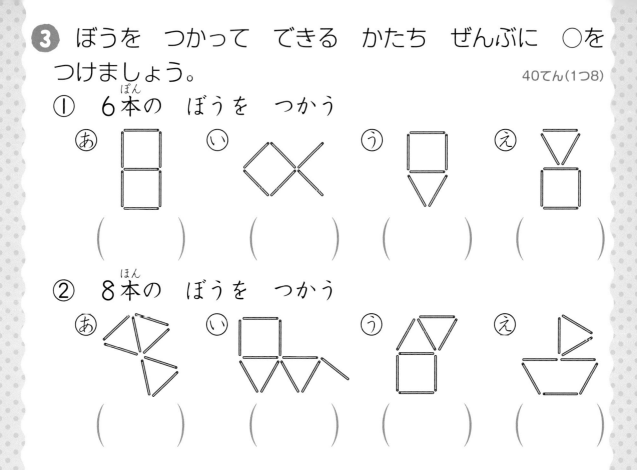

あ（　　）　い（　　）　う（　　）　え（　　）

② 8本の ぼうを つかう

あ（　　）　い（　　）　う（　　）　え（　　）

4 いろいたを 1まい うごかして かたちを かえました。うごかした いろいたに ○を つけましょう。

16てん（1つ8）

①

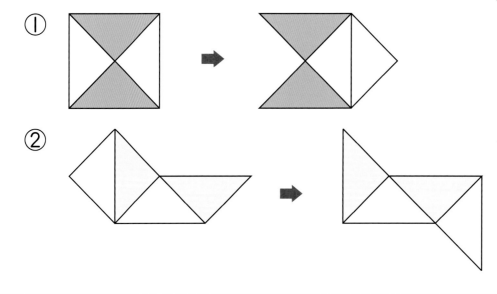

②

おなじ かずの ぼうでも いろいろな かたちが できるね。③は か
ぞえた ぼうに しるしを つけて いくと、ただしく かぞえられるよ。

26 ものの いち

① 下の くつばこの えを 見て □に かずや ことばを かきましょう。

50てん(1つ10)

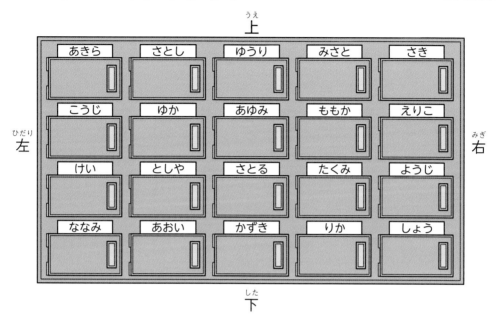

上

あきら　さとし　ゆうり　みさと　さき
こうじ　ゆか　あゆみ　ももか　えりこ
けい　としや　さとる　たくみ　ようじ
ななみ　あおい　かずき　りか　しょう

左　　　　　　右

下

① 上から 2ばんめ 右から 3ばんめは

　　　　さんの くつばこです。

② ももかさんの くつばこは □から 3ばんめ

□ から 4ばんめです。

③ としやさんの くつばこは 上から □ばんめ

左から □ ばんめです。

えを よく 見て
かんがえよう。

51

❷ かべに えを はっています。□に かずや ことば
を かきましょう。

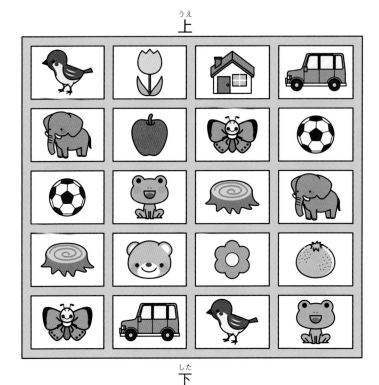

① は 上から [ ] ばんめ 左から [ ]
ばんめです。

② は [ ] から 2ばんめ [ ] から
1ばんめです。

③ 下から 5ばんめ 右から 3ばんめの えに
〇を つけましょう。

ものの いちを いう ときは、もとに なる ものを きめると わか
りやすいよ。

27 まとめの テスト

1 おなじ かたちを ──で むすびましょう。 12てん(1つ3)

・　　　　　　・　　　　　　・　　　　　　・

・　　　　　　・　　　　　　・　　　　　　・

2 つみきを つかって のりものを つくりました。つかった つみきの かずを かきましょう。 18てん(1つ6)

( ) こ 　 ( ) こ 　 ( ) こ

3 下の かたちを 上と まえから みた かたちは それぞれ どれでしょう。○を つけましょう。

16てん(1つ8)

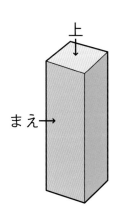

上から みた かたち	○	□	▭	◁
	( )	( )	( )	( )

まえから みた かたち	▱	◺	□	▯
	( )	( )	( )	( )

4 下の かたちは 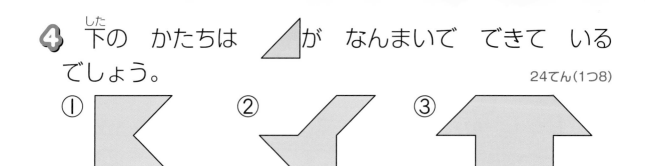 が なんまいで できて いる でしょう。

24てん(1つ8)

① (　　　)まい ② (　　　)まい ③ (　　　)まい

5 下の かたちは なん本の ぼうで できて いるで しょう。

18てん(1つ6)

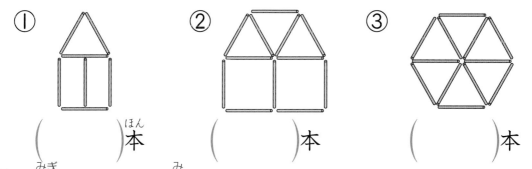

① (　　　)本 ② (　　　)本 ③ (　　　)本

6 右の えを 見て こたえましょう。

12てん(1つ4)

① 🎺は 下から なんばんめ 左から なんばんめですか。

下から (　　　)ばんめ

左から (　　　)ばんめ

② 上から 3ばんめ 右から 2ばんめの ばしょに ○を つけましょう。

上

左　　　　　　　　　右

下

1 えんぴつの ながさの くらべかたで よい ものに
○を つけましょう。　　　　　　　　　　　　　8てん

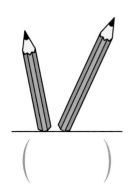
(　　)

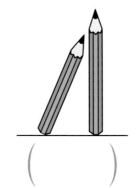
(　　)

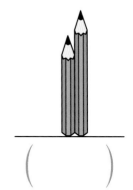
(　　)

2 ながい ほうに ○を つけましょう。　　42てん(1つ7)

①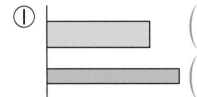
(　　)
(　　)

②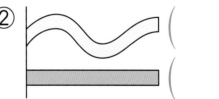
(　　)
(　　)

③
(　　)
(　　)

④
(　　)
(　　)

⑤
(　　)
(　　)

⑥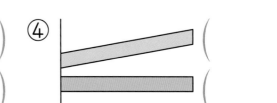
(　　)
(　　)

3 たてと よこでは どちらが ながいでしょう。

20てん(1つ10)

①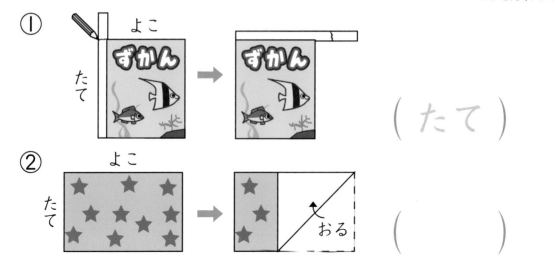

(たて)

②

(   )

4 ながい じゅんに かきましょう。

30てん(1つ10)

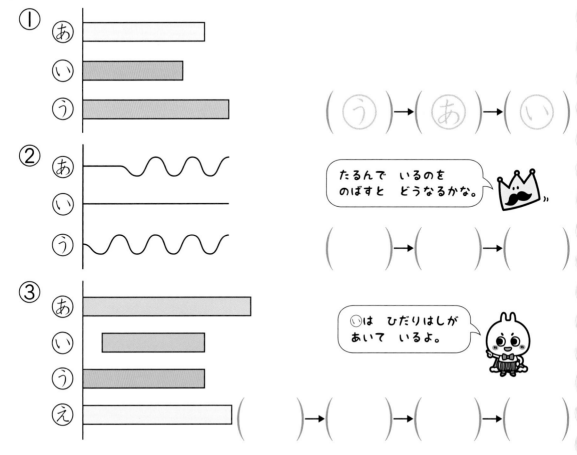

① (う)→(あ)→(い)

② たるんで いるのを
のばすと どうなるかな。

(   )→(   )→(   )

③ ①は ひだりはしが
あいて いるよ。

(   )→(   )→(   )→(   )

ながさを くらべる ときは、はしを そろえて、まっすぐに のばして
くらべる ことが たいせつだよ。

56

なまえ

月 日 じ ふん～ じ ふん

てん

1 ながい ほうに ○を つけましょう。 15てん(1つ5)

①

 が 7つ

 が 8つ

( )

(◯)

②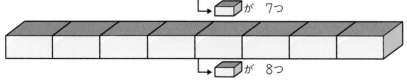

( )

( )

③

( )

( )

2 したの えを みて こたえましょう。 20てん(1つ5)

① えんぴつは めもり 7 つぶん。

② ぼうるぺんは めもり □ つぶん。

③ ぼうるぺんは □ より めもり

□ つぶん ながい。

❸ けしごむを つかって きょうかしょの ながさを はかりました。□に はいる かずを かきましょう。

30てん(1つ10)

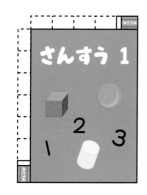

① たては、けしごむ □つぶん。

② よこは、けしごむ □つぶん。

③ たてが よこより けしごむ

□つぶん ながい。

❹ ながい じゅんに あ、い、う、え、おを かきましょう。

35てん

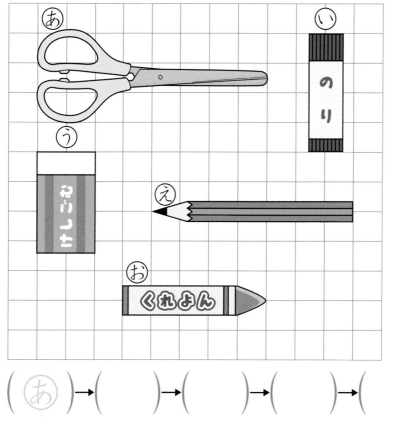

めもりを かぞえて ながさを くらべよう。

(あ)→( )→( )→( )→( )

「○の いくつぶん」で ながさを あらわすと、ながさくらべが しやすいね。

30 かさくらべ ①

❶ 2つの　いれもので　どちらが　おおく　はいるか
しらべました。

12てん(1つ6)

①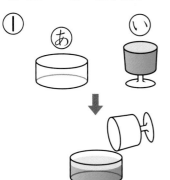

⑩の　みずを　⑧に　いれたら
とちゅうまでしか　はいりませんで
した。⑧と　⑩では　どちらが　お
おく　はいるでしょう。

(　　　　　)

②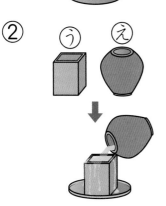

⑥の　みずを　⑤に　いれたら
あふれて　しまいました。⑤と
⑥では　どちらが　おおく
はいるでしょう。

(　　　　　)

❷ おおく　はいるのは　⑧、⑩の　どちらでしょう。

24てん(1つ8)

① 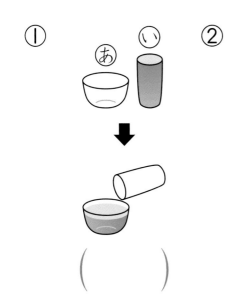　　② 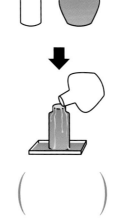　　③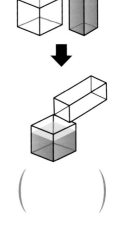

(　　　)　　　　(　　　)　　　　(　　　)

3 おおく はいる ほうに ○を つけましょう。

32てん(1つ8)

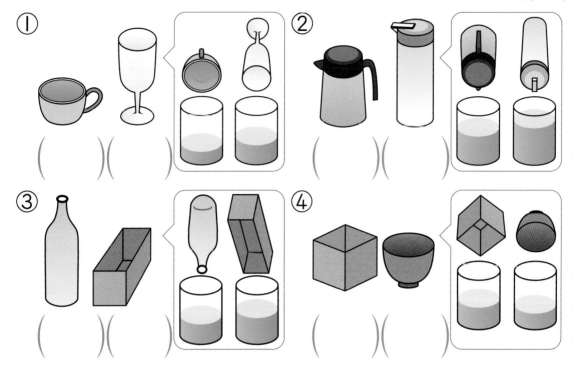

① ( )( )　② ( )( )

③ ( )( )　④ ( )( )

4 みずが おおく はいって いる ほうに ○を つけましょう。

24てん(1つ8)

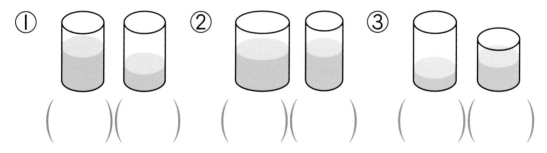

① ( )( )　② ( )( )　③ ( )( )

5 みずが いちばん おおく はいる いれものは、あ、い、うの どれでしょう。

8てん

あ　　　い　　　う

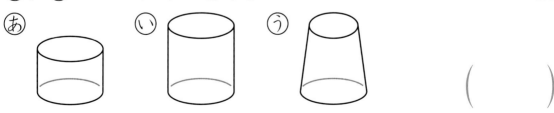

( )

　ほかの いれものに みずを うつしても かさは かわらないよ。

31 かさくらべ ②

1 みずが　おおく　はいるのは、やかんか　なべかを
しらべました。□に　かずや　ことばを　かきましょう。

12てん(1つ4)

やかん　　　なべ

やかんには　みずが　こっぷで
7　はいぶん　はいりました。

なべには　みずが　こっぷで
□　はいぶん　はいりました。

みずが　おおく　はいるのは　なべ　です。

2 おおく　はいる　ほうに　○を　つけましょう。

40てん(1つ10)

① (　　)　(　　)　　② (　　)　(　　)

③ (　　)　(　　)　　④ (　　)　(　　)

3 おおく はいる ほうに ○を つけましょう。

① 　コップで 8はい　　　コップで 9はい

（　　　　）（　　　　）

② 　コップで 13ばい　　　コップで 11ぱい

（　　　　）（　　　　）

4 おおく はいる じゅんに なまえを かきましょう。

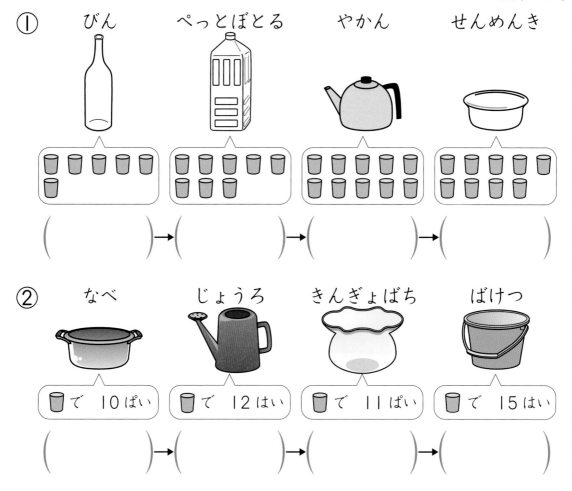

① 　びん　　ぺっとぼとる　　やかん　　せんめんき

（　　　　）→（　　　　）→（　　　　）→（　　　　）

② 　なべ　　じょうろ　　きんぎょばち　　ばけつ

コップで 10ぱい　コップで 12はい　コップで 11ぱい　コップで 15はい

（　　　　）→（　　　　）→（　　　　）→（　　　　）

かさを こっぷの なんばいぶんで あらわす ことが できるね。

32　ひろさくらべ

1 したじきの　ひろさを　くらべます。くらべかたで
よいものに　○を　つけましょう。　　　　　　7てん

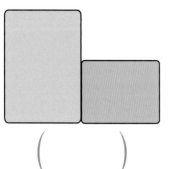　　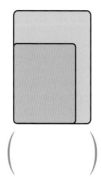　　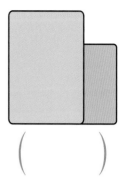

（　　　　）　　　（　　　　）　　　（　　　　）

2 ひろい　ほうに　○を　つけましょう。　　16てん（1つ8）

① 　　　　　　　　　　　　　　②

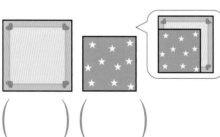　　　　　　　　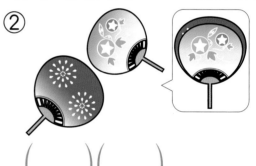

（　　）（　　）　　　　　　（　　）（　　）

3 □には　かずを　（　）には　ⓐか　ⓘを　かきましょ
う。　　　　　　　　　　　　　　　　21てん（1つ7）

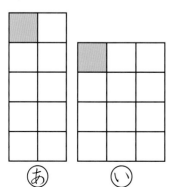

ⓐは □ が □ こぶん、

ⓘは □ が □ こぶんだから、

（　　　　）の　ほうが　ひろい。

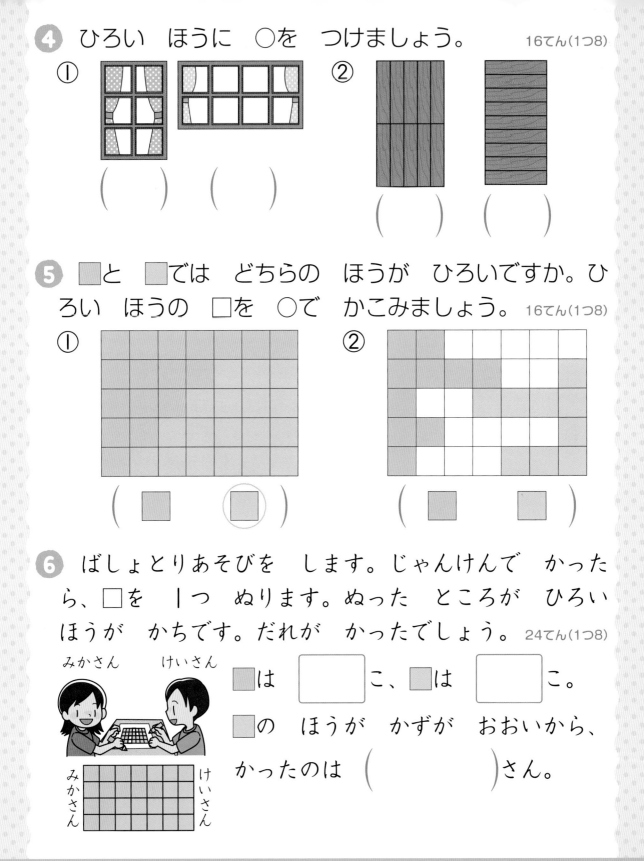

4 ひろい ほうに ○を つけましょう。　16てん(1つ8)

① （　　）　（　　）

② （　　）　（　　）

5 ◻️と ◻️では どちらの ほうが ひろいですか。ひろい ほうの □を ○で かこみましょう。　16てん(1つ8)

① （　◻️　　◯　）

② （　◻️　　◻️　）

6 ばしょとりあそびを します。じゃんけんで かったら、□を 1つ ぬります。ぬった ところが ひろい ほうが かちです。だれが かったでしょう。　24てん(1つ8)

みかさん　　けいさん

◻️は 　　　こ、◻️は 　　　こ。

◻️の ほうが かずが おおいから、

かったのは （　　　　　）さん。

みかさん　けいさん

🐱 ひろさを くらべる いろいろな しかたを おぼえよう。

33 なんじ、なんじはん

1 なんじでしょう。　30てん（1つ5）

（　6 じ　）（9 じはん）（　　　　）

（　　　　　）（　　　　　）（　　　　　）

2 ──で むすびましょう。　20てん（1つ5）

| 3じはん | 7じ | 12じ | 1じはん |

65

3 みじかい はりを かきましょう。　　　　　15てん（1つ5）

① 8じ　　　　② 6じ　　　　③ 5じ

4 ながい はりを かきましょう。　　　　　35てん（1つ5）

① 2じはん　　② 3じ　　　③ 12じはん

④ 4じはん　⑤ 9じ　　⑥ 11じ　　⑦ 5じはん

「●じ」の ときは
どこを さすのかな。

66　　「1じはん」の ことを、「1じ 30ぷん」とも いうよ。

34 なんじなんぷん

がつ 月	にち 日	じ	ふん〜	じ	ふん

なまえ

てん

1 なんじなんぷんでしょう。

55てん（1つ5）

①

②

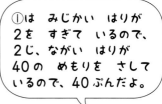
①は みじかい はりが 2を すぎて いるので、2じ、ながい はりが 40の めもりを さして いるので、40ぷんだよ。

（2じ40ぷん）　（　　　　　　）

③

④

⑤

（　　　　）　（　　　　）　（　　　　）

⑥

⑦

⑧

（　　　　）　（　　　　）　（　　　　）

⑨

⑩

⑪

（　　　　）　（　　　　）　（　　　　）

67

② ながい はりを かきましょう。

45てん（1つ5）

① 1じ20ぷん ② 9じ35ふん ③ 4じ22ふん

④ 5じ55ふん ⑤ 7じ8ふん ⑥ 12じ36ぷん

⑦ 6じ43ぷん ⑧ 3じ9ふん ⑨ 10じ10ぷん

みじかい はりで なんじを、ながい はりが さしている ところで なんぷんを よむよ。

月	日	じ	ふん〜	じ	ふん

なまえ

てん

1 とけいを よみましょう。

60てん（1つ6）

①

(　　　　　)

②

(　　　　　)

③

(　　　　　)

④

(　　　　　)

⑤

(　　　　　)

⑥

(　　　　　)

⑦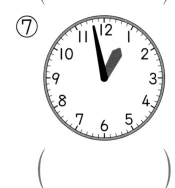

(　　　　　)

⑧

(　　　　　)

⑨

(　　　　　)

⑩

(　　　　　)

2 ながい はりを かきましょう。

40てん（1つ5）

① 7じはん　　② 8じ16ぷん　③ 1じ34ぷん

④ 3じ　　　　⑤ 9じ43ぷん　⑥ 4じ9ふん

⑦ 10:05　　　⑧ 8:37

「はん」というのは、
「30ぷん」の こと
だったね。

6:43は、6じ43ぷんの ことだよ。10:05は 10じ5ふんだよ。

月　日　　じ　ふん〜　じ　ふん

なまえ

てん

❶ さとしさん、ゆうかさん、たくやさんの　3人は、
1しゅうかんに　さいた　あさがおの　花の　かずを
それぞれ　しらべました。

36てん（1つ12）

さとし
 月よう日 赤 水よう日 むらさき 金よう日 赤

ゆうか
 月よう日 むらさき 水よう日 青

たくや
 火よう日 青 水よう日 青 木よう日 赤 金よう日 青

かみの　大きさや　いちを
そろえて　くらべるよ。

① いちばん　おおく　さいた　人は　だれでしょう。

（　　　　　　　）さん

② さいた　あさがおの
かずだけ　いろを　ぬり
ましょう。

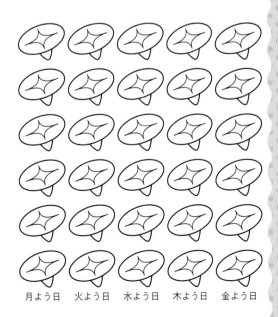

③ いちばん　おおく　さ
いたのは　なんよう日で
しょう。

月よう日　火よう日　水よう日　木よう日　金よう日

（　　　　　　　）よう日

❷ さとしさん、ゆうかさん、たくやさんの　3人は、
1しゅうかんに　さいた　あさがおの　花の　かずを
それぞれ　しらべました。

64てん(1つ16)

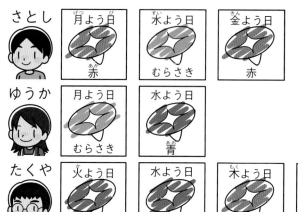

① さいた　あさがおの
かずだけ　いろを　ぬり
ましょう。

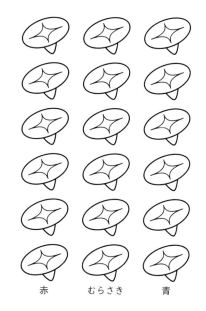

② あさがおは　ぜんぶで
なんこ　さいたでしょう。

（　　　　　　）に

③ いちばん　おおく
さいた　いろは　なにいろで、なんこでしょう。

（　　　　　　）で（　　　　　　）に

👑 ずに　あらわすと　かずが　おおいか　すくないかが　わかりやすく　な
るよ。

37 まとめの テスト

月 日　もくひょうじかん **15** ふん

なまえ

てん

1 したの えを みて こたえましょう。　30てん(1つ10)

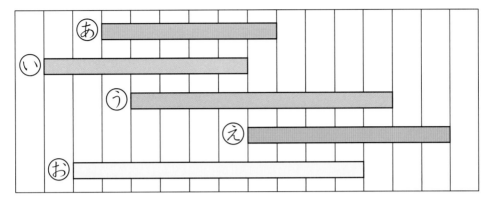

① いちばん ながいのは どれでしょう。 (　　　　)

② いちばん みじかいのは どれでしょう。(　　　　)

③ おなじ ながさは どれと どれでしょう。

(　　　　と　　　　)

2 ながい はりを かきましょう。　30てん(1つ10)

① 10 じ　　　② 11 じはん　　　③ 7 じ 52 ふん

73

3 くらすで すきな くだものの しいるを えらんで、
はりました。

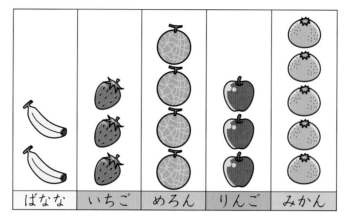

① どの くだものの しいるが いちばん すくない
でしょう。　　　　　　　　　　（　　　　　　　）

② しいるの かずが おなじなのは、なにと なにで
しょう。　　　　　　（　　　　　と　　　　　　）

4 したの えを みて こたえましょう。　20てん(1つ10)
① どうぶつの かずだけ いろを ぬりましょう。

② いちばん おおい どうぶ
つは なんでしょう。

　　　　　（　　　　　）

38 しあげの テスト1

1 いくつ あるでしょう。　20てん(1つ5)

①
　（　　）に

②
　（　　）ほん本

③
　（　　）ぽん本

④
　（　　）えん円

2 73に ついて こたえましょう。　25てん(1つ5)

① いち 一のくらいの かずは ☐ です。

② じゅう 十のくらいの かずは ☐ です。

③ 10を ☐ ことと 1を ☐ こ あわせた かず です。

④ 80より ☐ ちいさい かずです。

3 100に ついて こたえましょう。　10てん(1つ5)

① 10を ☐ こ あつめた かずです。

② 99より ☐ おお大きい かずです。

4 いちばん ながい ものに ○を つけましょう。

24てん(1つ6)

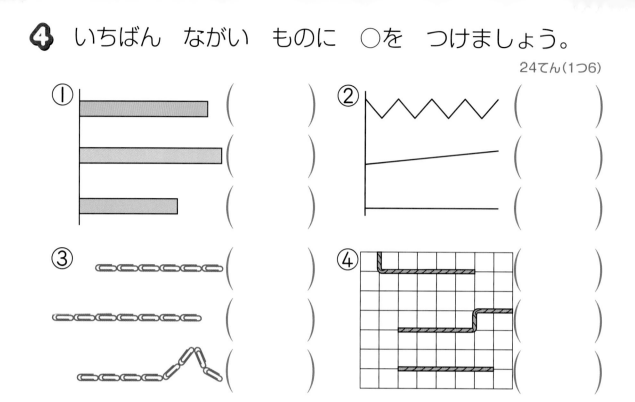

① ( )　( )　( )

② ( )　( )　( )

③ ( )　( )　( )

④ ( )　( )　( )

5 下の えは つぎの つみきの ↓の ところを なんかい うつして かいたでしょう。

15てん(1つ5)

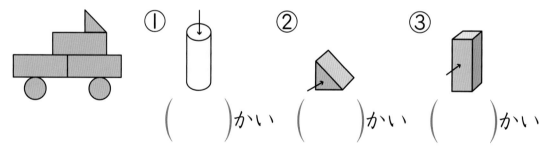

① ( )かい　② ( )かい　③ ( )かい

6 はんかちが 2まい あります。ひろさを くらべる ほうほうで よいものに ○を つけましょう。

6てん

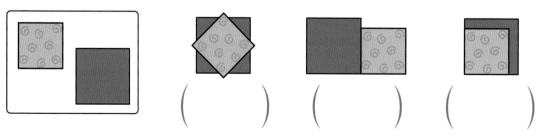

( )　( )　( )

39 しあげの テスト 2

① かずを ならべかえましょう。　　10てん(1つ5)

① 大きい じゅん

| 26 | 32 | 52 | 30 |

(　 → 　 → 　 → 　)

② 小さい じゅん

| 112 | 108 | 118 | 105 |

(　 → 　 → 　 → 　)

② □に はいる かずを かきましょう。　　25てん(1つ5)

① **92** 　 **94** **95**

② **116** 　 　 **113** **112** **111**

③ ◯で かこみましょう。　　15てん(1つ5)

① 左から 5ばんめ

左  右

② 右から 4本

左  右

③ うしろから 6ばんめ

まえ  うしろ

4 なんじなんぷんでしょう。 15てん(1つ5)

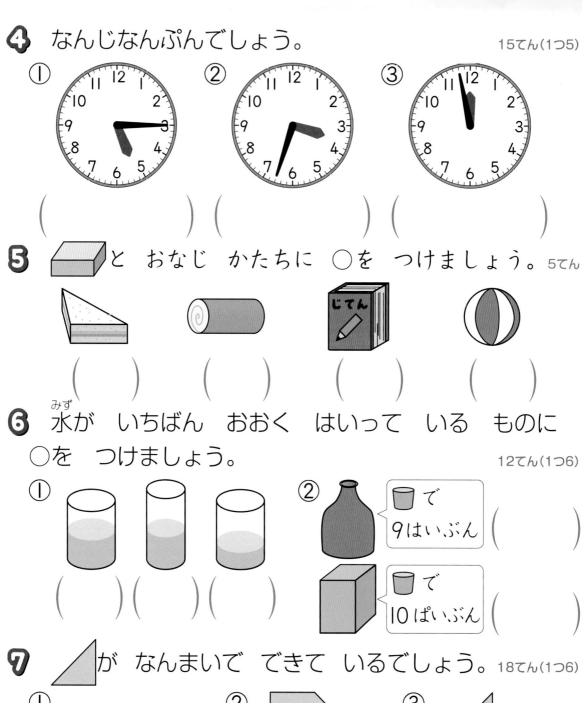

① ②　③

(　　　　　)　(　　　　　)　(　　　　　)

5 と　おなじ　かたちに　○を　つけましょう。 5てん

(　　　)　(　　　)　(　　　)　(　　　)

6 水が　いちばん　おおく　はいって　いる　ものに ○を　つけましょう。 12てん(1つ6)

① ②

でで
9はいぶん　(　　　)
でで
10ぱいぶん　(　　　)

(　　)(　　)(　　)

7 が　なんまいで　できて　いるでしょう。 18てん(1つ6)

① ②　③

(　　　)まい　(　　　)まい　(　　　)まい

78

40 2年生の べんきょう

★① ひまわりの たねは なんこ あるでしょう。

たねが たてに 10こ ならんで いるよ。

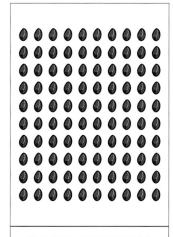

100 のまとまり

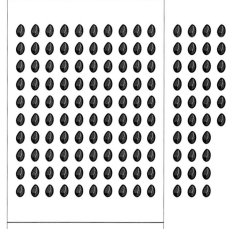

100 のまとまり

・10の まとまりが 10こで 100 。たねは

100の まとまりを 2 こと、10の まとまりを

☐ こと、1を ☐ こ あわせた かずです。

200と 30と 6で

236 と かきます。

たねは ぜんぶで

☐ こ あります。

「にひゃくさんじゅうろく」と よむよ。

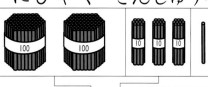

にひゃく さんじゅうろく

2	3	6
百のくらい	十のくらい	一のくらい

79

★2 のはらに どうぶつが います。

① どうぶつが にげないように ・と ・を ~~ちょく~~
~~せんで~~ つないで かこみましょう。

② 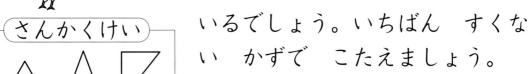は なん本の ちょくせんで かこまれて
いるでしょう。いちばん すくない かずで
こたえましょう。

(3)本

③ 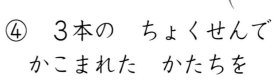は なん本の ちょくせんで かこまれて
いるでしょう。いちばん すくな
い かずで こたえましょう。

( )本

④ 3本の ちょくせんで
かこまれた かたちを
さんかくけい と いいます。

⑤ 4本の ちょくせんで
かこまれた かたちを
しかくけい と いいます。

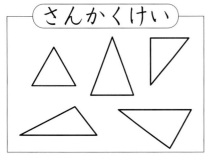

さんかくけい

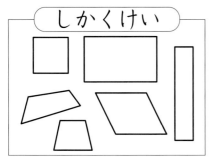

しかくけい

こたえ

1 じゅんび①

❶

❷ ①
②

❸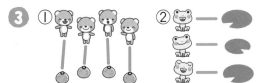

④

❹ ①
②

おうちの方へ 算数の学習に入る前の準備として、数えようとするものを集まりとしてとらえたり、具体物を1対1に対応させたりすることに取り組みます。
④ 数があっていれば、どの風船をぬってあってもよいでしょう。

2 じゅんび②

❶ ① 🦀 🦀 🦀 🦀 🦀 🦀
② 🐚 🐚 🐚 🐚 🐚 🐚

❷ ① ⬤⬤⬤⬤◯ ② ⬤⬤⬤⬤⬤ / ⬤⬤◯◯◯

❸ ① 🦋🦋🦋🦋 (◯)
　　🐜🐜🐜 ( )
② 🍌🍌🍌🍌🍌🍌 ( )
　　🍒🍒🍒🍒🍒🍒 (◯)

❹ ① 🍉 ⬤⬤⬤⬤◯ ( )
　　🍈 ⬤⬤⬤⬤⬤ (◯)
② 🐢 ⬤⬤⬤⬤⬤ / ⬤⬤⬤⬤◯ ( )
　　🪲 ⬤⬤⬤⬤⬤ / ⬤⬤⬤⬤⬤ (◯)

おうちの方へ 鳥や魚などの具体物を半具体物(⬤)に置き換える練習をします。
❸ 1対1に線で結んでみると、個数の大小を正しく比べることができます。

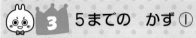

3 5までの かず①

❶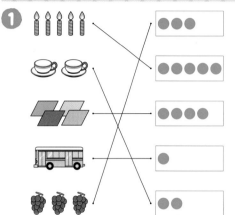

❷ しょうりゃく

❸ ①2 ●●○○○ ②1 ●○○○○
　③5 ●●●●● ④3 ●●●○○
　⑤4 ●●●●○

❹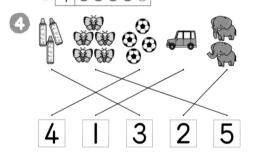

4 1 3 2 5

🏠 **おうちの方へ**　5までの数の正しい読み方を身につけます。「4」は「し」または「よん」と読むことを覚えましょう。

❸ 答えと同じ位置の○をぬる必要はありません。数字とぬられた○の数が同じであれば正解です。

❹ クレヨンや虫、ボールなどの具体物の数を数えて、数字と1対1に対応させる練習をします。必ず具体物を数えてから、あう数字と線で結びましょう。

4 5までの かず②

❶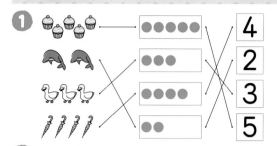

4
2
3
5

❷ しょうりゃく

❸ ①2　②4　③3　④1　⑤2
　⑥4　⑦3　⑧5

❹ ①3　②4　③5　④2　⑤1

🏠 **おうちの方へ**　具体物を半具体物に置き換え、それと数字の関係がわかるようにし、最終的には、具体物を正しく数えて、数字で書き表せることに導きます。

❷ 4や5の書き順に注意します。また、さかさ文字にならないように気をつけます。

❹ 数え終わったものに、✓や／などのしるしをつけていくと数え落としや重なりがなくなります。

5 5までの かず③

❶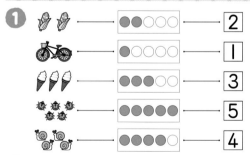

2
1
3
5
4

❷ ①2　②5　③3　④1　⑤4　⑥5

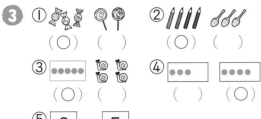

❸ ① （○） （　）　② （○） （　）

③ （○） （　）　④ （　） （○）

⑤ ３ （　）　５ （○）

❹ ① | 1 | 2 | 3 | 4 | 5 |

② | 5 | 4 | 3 | 2 | 1 |

🏠 **おうちの方へ**　ものの数を数えるとき、数え落としや重なりがないように、数え終わったものに✓などのしるしをつける習慣をつけるとよいでしょう。

❹　５までの数の順序がわかるようにします。逆からも言えるようにしましょう。

6　10までの　かずと　すうじの　よみかた

❶
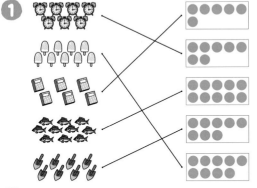

❷ しょうりゃく

❸ ① ７　② ６

③ 10　④ ８

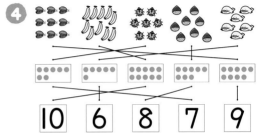

❹

| 10 | 6 | 8 | 7 | 9 |

🏠 **おうちの方へ**　６から10までの数について、具体物を半具体物に置き換えられるようにします。

❸　数があっていれば正解ですが、７は「５とあと２つ」という意識を持たせるために、答えのようなぬり方がよいでしょう。

7　10までの　かずと　すうじの　かきかた

❶ しょうりゃく

❷ ①10　②6　③7　④8

❸ ① （○） （　）　② （○） （　）

③ （　） （○）　④ （　） （○）

⑤ （○） （　）　⑥ （　） （○）

❹ ① | 6 | 9 |　　② | 8 | 7 |
　　 （　）（○）　　（○）（　）

❺ ① | 4 | 5 | 6 | 7 | 8 | 9 | 10 |

② | 10 | 9 | 8 | 7 | 6 | 5 | 4 |

③ | 3 | 4 | 5 | 6 | 7 | 8 | 9 |

🏠 **おうちの方へ**　具体物と半具体物と数が対応できているか確認しましょう。

❺　数の順序が途中からでも言えるようにしましょう。

8 0と いう かず

1 しょうりゃく

2 ① （2）こ　（1）こ　（0）こ
② （3）ぼん（2）ほん（1）ぽん（0）ほん
③ （1）わ　（0）わ　（2）わ　（3）ば

3 ① 0 1 2 3 4 5 6
② 6 5 4 3 2 1 0

4 ①4　②7　③10　④8　⑤0　⑥5

5 ①4→8→10　②6→5→1→0

🏠おうちの方へ　何もないことを「0」という数字で表すことは、初めは難しいかもしれません。「お皿に何ものっていないから0だね。」などと日常生活の中で「0」を体験させ、理解を深めましょう。

3　①は、1-2と数が1大きくなっていることに着目します。0を忘れないようにしましょう。

5　はじめは、2つの数ずつ比較していくとよいでしょう。
①の8と4では、4が小さいから4→8、8と10では、8が小さいから4→8→10となります。

9 なんばんめ

1 ① 🚗🚗🚗🚗🚗🚗🚗🚗🚗🚗
② 🐟🐟🐟🐟🐟🐟🐟🐟

2 ①3　②6　③5　④7

3 5、2

4 ①うま　②さる　③ねずみ　④1、5

🏠おうちの方へ　数は、集まりを表すだけでなく、順番を表すのにも使われることを学びます。「どこから」数えるのか基点をはっきりと押さえることが大切です。

2　①の「たぬき」はどこにいるのか、「右はどちらか」など問題文の読み取りも大切です。

10 なんばんめ、なんこ

1 ① 🐧🐧🐧🐧🐧🐧🐧
② 🐧🐧🐧🐧🐧🐧🐧
③ 🥕🥕🥕🥕🥕🥕🥕
④ 🥕🥕🥕🥕🥕🥕🥕

2 4

3 ① 🍎🍎🍎🍎🍎🍎🍎
② ☕☕☕☕☕☕☕
③ 🐌🐌🐌🐌🐌🐌🐌

4 ①3　②5　③5、3

🏠おうちの方へ　「何個」と「何番目」の違いをはっきりさせます。「何個」は集まり、「何番目」は順番を表します。

1　①、②は、同じ「3」でも、「集まり」か「順番」かによって答え方が違います。「何番目」というときは、答えは1つです。

11 まとめの テスト

1 ①6　②4　③きゅうり　④なす

❷ ① ●●●●●●●● ─ ●●●●●●● ② ●●●●● ─ 9
(○) ( ) ( ) (○)

③ 4 ─ 5 ④ 7 ─ 10
( ) (○) ( ) (○)

❸ ① 10 ─ 9 ─ 8 ─ 7 ─ 6 ─ 5
② 0 ─ 1 ─ 2 ─ 3 ─ 4 ─ 5

❹ 7、3

❺ ①
②
③

🏠 **おうちの方へ** これまでに学習した内容がきちんと定着しているかを確認します。わからなかったり、迷ったりした問題は前に学習したところに戻って、もう一度問題に取り組みましょう。お子さんが苦手な問題を発見し、この段階できちんと理解できるよう導きましょう。

❶ それぞれの野菜の数を数えてから、問題に取り組むとよいでしょう。数えた野菜にはしるしをつける習慣をつけるとよいでしょう。

❸ ①は、6-5 の部分に着目します。数が1小さくなっていることを読み取りましょう。

❺ ①は、「前から5番目」だから、順番を表す数です。②は、「左から5個」だから個数(集まり)を表す数です。

👑 **12 20までの かず①**

❶ ①11 ②12 ③13 ④14 ⑤15
⑥16 ⑦17 ⑧18 ⑨19 ⑩20

❷ ①11 ②17 ③14

❸ ①4、14 ②5、15

❹ ①17 ②13 ③19

🏠 **おうちの方へ** 10より大きい数を数えるときは、「10といくつ」ととらえます。

❶ 数を数えるときは、声に出して数えてみましょう。

❷ ①は 10 と1で 11、②は 10 と7で 17のように考えていきます。

❹ 10個を○で囲み、10個とあと何個というように数えていきます。

👑 **13 20までの かず②**

❶ ①17 ②11 ③20
④14 ⑤18

❷ ①20 ─ 12 ②15 ─ 9
(○)( ) (○)( )
③18 ─ 17 ④10 ─ 19
(○)( ) ( )(○)

❸ ①14 ②17 ③14 ④19 ⑤20
⑥19

❹ ①14─15─16─17─18─19─20
②8─10─12─14─16─18─20
③18─16─14─12─10─8─6

👑14 20までの　かず③

❶ ① 〔絵〕　（　）（○）　　② 〔絵〕　（○）（　）

③ |16|-|19|　（　）（○）　　④ |11|-|14|　（○）（　）

❷ ① |16|-|15|-|14|-|13|-|12|-|11|-|10|-|9|

② |6|-|8|-|10|-|12|-|14|-|16|-|18|-|20|

❸ ①2　②9　③13　④10

❹ ①8　②17　③10　④6　⑤17

❺ ①

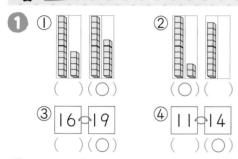

②

---

❹　①は5より右へ3目もり、③は16より左へ6目もり移動させます。

👑15 100までの　かずの　かぞえかたと　かきかた①

❶ ①〔絵〕　・2、6

② 〔絵〕　・3、0

❷ ①38　②25　③40

❸ ①32　②53　③26

❹ ①47　②53　③33　④34
　⑤80

👑16 100までの　かずの　かぞえかたと　かきかた②

❶ ①43　②31　③77　④25
　⑤30

❷ ①2　②70

❸ ①5、6　　　　こたえ　56（本）
　②3、0　　　　こたえ　30（こ）

❹ ①93　②4、0　③62
　④47　⑤9、4　⑥8

👑17　100までの かず①

❶　①70　②100
❷　①20、21、22、23、24、25、
26、27、28、29
②7、17、27、37、47、57、
67、77、87、97

❸
0	1	2	3	4	5	6	7	8	9
10	11	12	13	14	15	16	17	18	19
20	21	22	23	24	25	26	27	28	29
30	31	32	33	34	35	36	37	38	39
40	41	42	43	44	45	46	47	48	49
50	51	52	53	54	55	56	57	58	59
60	61	62	63	64	65	66	67	68	69
70	71	72	73	74	75	76	77	78	79
80	81	82	83	84	85	86	87	88	89
90	91	92	93	94	95	96	97	98	99
100									

👑18　100までの かず②

❶　①100　②99
❷　①24　②63
③1、11、21、31、41、51、
61、71、81、91
④80、81、82、83、84、85、
86、87、88、89
❸　①54⊖45　②81⊖89
　　（○）（　）　　（　）（○）
③25⊖30　④66⊖76
　　（　）（○）　　（○）（　）
❹　①29→36→63→95→100
②93→88→80→78→55

③ 数の大小比較は、大きい位の数字から比べていきます。十の位の数字が同じときは一の位の数で比べます。

④ 数がたくさんあると、とまどってしまうかもしれませんが、問題の指示通りに、小さい順であれば、いちばん小さい数を探し、次に小さい数と1つずつ順番に探していきます。答えを書いたら、あっているか見直しをする習慣をつけるとよいです。

19 19 100までの かず③

❶ ①[36]-[37]-[38]-[39]-[40]-[41]-[42]

②[88]-[89]-[90]-[91]-[92]-[93]-[94]

③[70]-[69]-[68]-[67]-[66]-[65]-[64]

④[40]-[50]-[60]-[70]-[80]-[90]-[100]

⑤[100]-[95]-[90]-[85]-[80]-[75]-[70]

❷ ①
[34]　　[40]　　　　[48]
30 31 32 33　35 36 37 38 39　41 42 43 44 45 46 47　49 50

②
　[76]　　[81]　　　[88]　[92]
73 74 75　77 78 79 80　82 83 84 85 86 87　89 90 91　93

③
　[42]　　　[48]　　　[56]
40　　45　　　50　　55　　60

❸ ①67　②74

❹ ①35　②40　③51　④100

❺ ①40　②99　③65　④69

おうちの方へ　100までの数のいろいろな問題をより多く解いて、数についての理解を深めていきましょう。

❷　③40から5目もり目が45ですから、1目もりは1だとわかります。はじめの数は、40から2目もりのところの数です。

❹　数を順番に並べたとき、1大きい数

は右の数、1小さい数は左の数にあたります。わかりにくいときは、数直線や数の表などを使って、確認しましょう。

20 20 100より 大きい かず

❶ ①100、116　こたえ 116(本)

②100、20、120 こたえ 120(こ)

❷
| 100 | 101 | 102 | 103 | 104 | 105 | 106 | 107 | 108 | 109 |
| 110 | 111 | 112 | 113 | 114 | 115 | 116 | 117 | 118 | 119 |

❸ ①110　②106　③124

❹ ①[97]◁[107]
　　( )　(○)

②[89]◁[109]
　　( )　(○)

③[102]◁[112]
　　( )　(○)

④[126]▷[123]
　　(○)　( )

❺ ①[98]-[99]-[100]-[101]-[102]-[103]-[104]

②[120]-[119]-[118]-[117]-[116]-[115]-[114]

③[60]-[70]-[80]-[90]-[100]-[110]-[120]

❻ ガム

おうちの方へ　100より大きな数は、2年生で詳しく勉強しますが、その導入として120までの数をあつかいます。

❶　10が10個で100を基本に数の合成を考えます。

❸　①は⑩が1個と⑩が1個で110。⑩が0個なので、一の位の数は0となります。②は⑩が1個と⑩が6個で106と考えます。⑩が0個なので十の位の数は0となります。③は⑩が1個と⑩が2個と⑩が4個で124。

❹　数が大きくなっても、大小比較は、同じように大きい位の数字から順に比べていきます。①と②は2けたと3けたけた数が違うので注意しましょう。

⑥ 125 と 105 と 118 は 100 より
大きい数なので、チョコレート、ドー
ナツ、あめは買えません。

21 まとめの テスト

1 ①52　②30　③37

2 ①20　②6、8　③7　④10
　　⑤89

3 ① [36 ⌒ 39]　　② [58 ⌒ 62]
　　　（　）（○）　　　（　）（○）

　　③ [88 ⌒ 78]　　④ [120 ⌒ 108]
　　　（○）（　）　　　（○）（　）

4 ① 88―89―90―91―92―93―94
　　② 114―115―116―117―118―119―120
　　③　55　　　　74　　　　　97
　　　50　　60　　70　　80　　90　　100

5 81→77→43→18

🏠 おうちの方へ ここまで学習してきた
ことがきちんと理解できているかチェッ
クします。まちがえたり、答えはあって
いても迷ったりした問題は、前に戻って
再確認する習慣をつけましょう。繰り返
し取り組むことが大切です。

4 ③の数直線は、0から始まっていな
　　いことに気づきましょう。

5 わかりにくいときは、2つずつ数を
　　比較していき、最終的に並べ替えを
　　してもよいでしょう。

22 いろいろな かたち

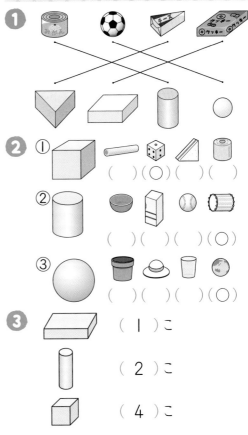

3
　　　　　　　（ 1 ）こ

　　　　　　　（ 2 ）こ

　　　　　　　（ 4 ）こ

4 ○い

5 ①○う　　②○い

🏠 おうちの方へ 身近な物で、円柱（筒
のようなもの）、球（ボールのようなも
の）、三角柱（箱のようなもの）、直方体
（箱のようなもの）の違いを勉強します。

5 立体を、細かい特徴別に分類できる
　　ようにします。①は平面があるかどう
　　か、②は面の形に注目します。

89

23 かたちを　うつして

1 ①
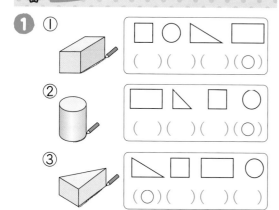
□ ( )　○ ( )　△ ( )　▭ (○)

② ▭ ( )　△ ( )　□ ( )　○ (○)

③ △ (○)　□ ( )　▭ ( )　○ ( )

2
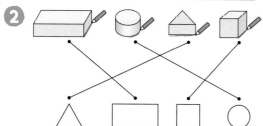

3 （れい）

4 ㋐2　㋑1　㋒4

5
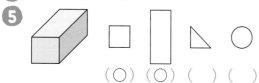
(○)　(○)　( )　( )

🏠 おうちの方へ
つみ木をうつしたときの形がつみ木を真上から見たときの形だということに気づきましょう。

1 実際につみ木やつみ木に似た物を使って、形をうつしとってみましょう。

3 三角形、円、長方形、正方形の性質をいかして、自由に描いてみましょう。

5 2種類の形がうつしとれることに気づきましょう。

24 いろいろな　かたちづくり①

1 ㋐2　㋑4　㋒4
　　㋓5　㋔4　㋕4
　　㋖5　㋗7

2
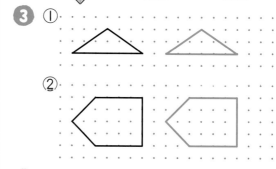
㋐　　　㋑　　　または

3 ①

②

4 ①9　　②12　　③18

🏠 おうちの方へ
色板やぼうを使って、いろいろな形を作ってみましょう。

3 それぞれ、点何こ分をとれば同じ形になるか、もとの図をしっかり読みとりましょう。ななめの線は、横に点何こ分、縦に点何こ分進んだ点をとればよいかを考えます。

4 数えたぼうにしるしをつけていくと、数えまちがいがふせげます。

25 いろいろな　かたちづくり②

1 ①5　②4　③5

2 しょうりゃく

3
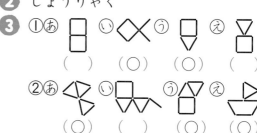
①㋐ ( )　㋑ ( )　㋒ (○)　㋓ ( )

②㋐ (○)　㋑ ( )　㋒ (○)　㋓ (○)

90

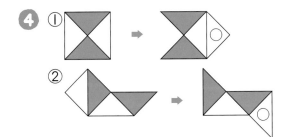

④ ①　②

🏠 おうちの方へ　これらの形づくりの活
動を通して、ものの形への興味を持ち、
これからの図形の学習への導入となるこ
とを目的としています。

❶　縦、横、ななめに線を入れて、三角
　形をつくってみます。同じ大きさの三
　角形をつくるように考えます。

❸　同じぼうを2回数えたり、数え落と
　しをしないよう、数えたぼうにしるし
　をつけるとよいでしょう。

26 ものの　いち

❶ ①あゆみ　　②下、左　　③3、2
❷ ①4、3　　②下、右
　③

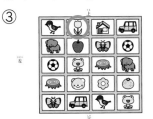

🏠 おうちの方へ　ものの位置を上下、左
右の言葉を使って表せるようになりま
しょう。

👑 27 まとめの テスト

❶
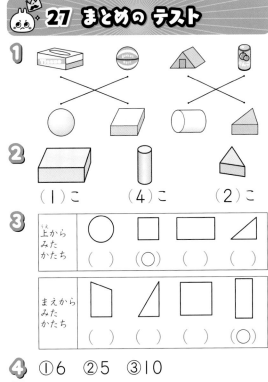

❷ （1）こ　　　（4）こ　　　（2）こ

❸

うえ 上から みた かたち	○	□	▭	◺
	(　)	(○)	(　)	(　)

まえから みた かたち			□	▯
	(　)	(　)	(　)	(○)

❹ ①6　②5　③10
❺ ①7　②12　③12
❻ ①4、2　　　　　②

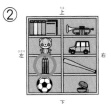

🏠 おうちの方へ

❹　◺の色板は2個で正方形ができる
　ことを覚えておくと、早くできます。

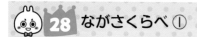 **28 ながさくらべ ①**

①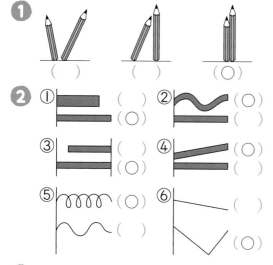
（　）　　　（　）　　　（○）

② ①（　）
（○）
②（　）
（　）
③（　）
（○）
④（○）
（　）
⑤（○）
（　）
⑥（　）
（○）

③ ①たて　②よこ

④ ①⑤→あ→い
②⑤→あ→い
③あ→え→⑤→い

🏠 **おうちの方へ**　長さを比べるときは、一方の端をそろえて平行に並べます。

②　①は、テープの太さは長さに関係ないことを押さえましょう。②は上のテープをまっすぐにのばすとどうなるか考えます。④は上のテープを下のテープに平行になるようにするとどうなるか考えます。

③　①は長さをテープに置き換えて比べる方法です。縦の長さを表すしるしが横よりはみ出しているので、縦の方が長いことがわかります。②は片方の辺を折り曲げてもう一方の辺に重ねて、どちらの辺が余るのか調べています。余りのある方の辺が長いことに気づきましょう。実際にやってみましょう。

④　③で、いのテープは左端がそろっていないことに気をつけましょう。いは⑤より短いことがわかります。

29 ながさくらべ ②

①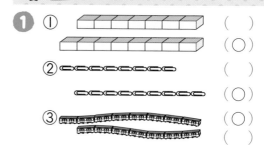
①（　）
（○）
②（　）
（○）
③（○）
（　）

② ①7　②9
③えんぴつ、2

③ ①7　②5　③2

④ あ→え→お→い→う

🏠 **おうちの方へ**　いろいろなものを長さの単位として、それのいくつ分かで長さを考え、比べます。

①　①はまずブロック1つの長さがどれも同じであることを確認します。どれも同じだから、ブロックの数で長さが比べられることに気づきましょう。②のクリップ、③の車両についても同じように長さを比較します。

②　方眼のます目の数で長さを表したり、比べたりできます。

③　消しゴムの長さを単位にして、長さを比べています。

④　方眼の1ますは、縦も横も同じ長さです。したがって、はさみやのりなどを横に置いても縦に置いても、ます目の数で長さが比べられます。

30 かさくらべ①

1 ①あ ②え

2 ①あ ②い ③あ

3 ① ( )(○)　② ( )(○)

③ ( )(○)　④ ( )(○)

4 ① (○)( )　② (○)( )　③ ( )(○)

5 い

⌂ おうちの方へ　かさを比較するいろいろな方法を知りましょう。

1　もう一方の入れ物に水を移し替えたとき、水があふれるかどうかを見て判断します。

3　移し替えた入れ物は同じ大きさなので、水位で比較できることに気づきましょう。

4　①は同じ大きさの入れ物なので水位で比べられます。②は左の入れ物の方が底面積が広いので、同じ水位なら左の方が水が多く入っていると考えます。③の入れ物の高さは異なりますが、水位で比べられることに気づきましょう。

31 かさくらべ②

1 7、9、なべ

2
① (○)( )　② ( )(○)
③ ( )(○)　④ (○)( )

3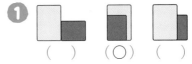
① ( )(○)　② (○)( )

4 ①やかん→せんめんき→ぺっとぼとる→びん

②ばけつ→じょうろ→きんぎょばち→なべ

⌂ おうちの方へ　コップ1ぱい分を単位にしてかさの比較をします。

1　いろいろな入れ物も、コップを使うとかさをコップ何ばい分で表すことができます。

32 ひろさくらべ

1 ( )　(○)　( )

2 ① (○)( )　② (○)( )

3 10、12、い

4 ① ( ) (○)　② (○) ( )

⑤ ① ▢ 〇 ② 〇 ▢
⑥ 13、15、けい

🏠 おうちの方へ　広さを比べる方法がいろいろあることに気づきましょう。実際に下じきやハンカチ等を使って比べてみましょう。
❶　下じきの角をそろえて重ねて広さを比べます。後ろにある方の下じきが広いといえます。
❹　①のガラスは同じ広さなので、ガラスの数で広さを比べることができます。左の窓はガラスが6枚、右は8枚なので、右の方が広いことがわかります。

🐰👑 33 なんじ、なんじはん

❶ ①6じ　②9じはん　③4じ
　④7じ　⑤10じはん　⑥2じはん

❷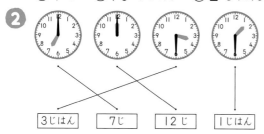

| 3じはん | 7じ | 12じ | 1じはん |

❸

❹

⑦

🏠 おうちの方へ　時計の見方や時刻の読み方を学習していきます。時計の学習は、上の学年になっても、お子様がつまずきやすい単元の一つです。まずここで、時計に関心を持ち、自分の生活と時計との関わりを意識し、時計の見方を学習していくことが大切です。
❶　「はん」は30分のことです。
　②の針は9時30分をさしています。このとき、短針は9時と10時のちょうど真ん中まで進んでいることに気づきましょう。

🐰👑 34 なんじなんぷん

❶ ①2じ40ぷん　②8じ15ふん
　③5じ13ぷん　④12じ36ぷん
　⑤3じ1ぷん　⑥9じ59ふん
　⑦1じ44ぷん　⑧4じ21ぷん
　⑨6じ6ぷん　⑩7じ29ふん
　⑪11じ17ふん

❷ ①　②　③
　④　⑤　⑥
　⑦　⑧　⑨

35 とけい

❶ ①12じはん（12じ30ぷん）
　②3じ45ふん　③9じ5ふん
　④7じ24ぷん　⑤10じ17ふん
　⑥2じ56ぷん　⑦12じ58ふん
　⑧8じはん（8じ30ぷん）
　⑨6じ43ぷん　⑩1じ58ふん

❷

36 えや ずの グラフ

❶ ①たくや
　③すい

❷ ①

　②9
　③あお、4

37 まとめの テスト

❶ ①お　　②あ　　③い（と）え

❷ ①　②　③

❸ ①ばなな
　②いちご（と）りんご

4 ①

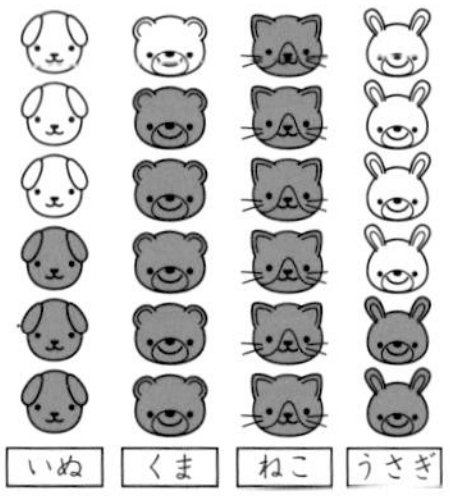

②ねこ

おうちの方へ まちがえたり、迷ったりした問題は前に戻ってもう一度勉強しましょう。

38 しあげの テスト1

1 ①32 ②75 ③30 ④65

2 ①3 ②7 ③7、3 ④7

3 ①10 ②1

4

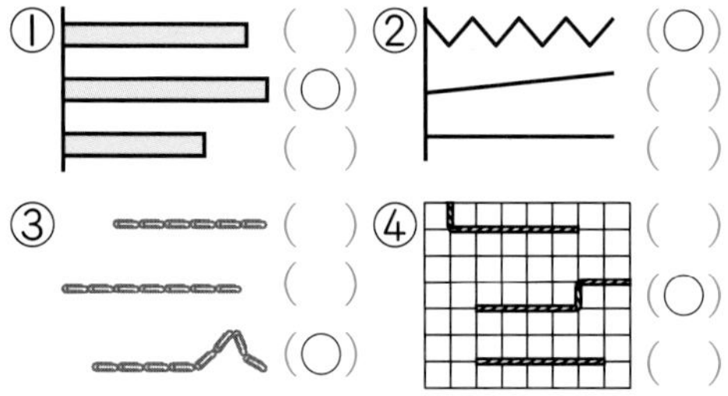

5 ①2 ②1 ③3

6

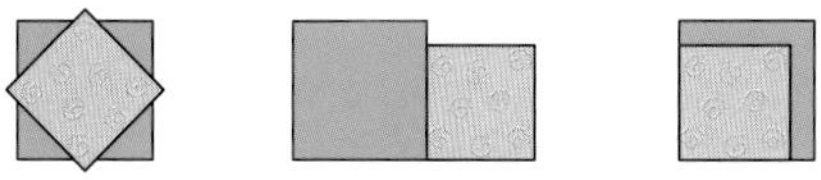

( ) ( ) (○)

おうちの方へ 1年生の内容が身についているのか最終チェックです。

39 しあげの テスト2

1 ①52→32→30→26

②105→108→112→118

2 ① 92 - 93 - 94 - 95 - 96 - 97

② 116 - 115 - 114 - 113 - 112 - 111

3 ①

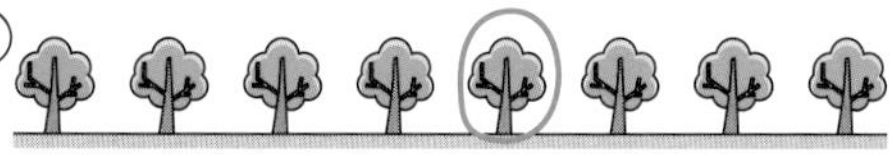

②

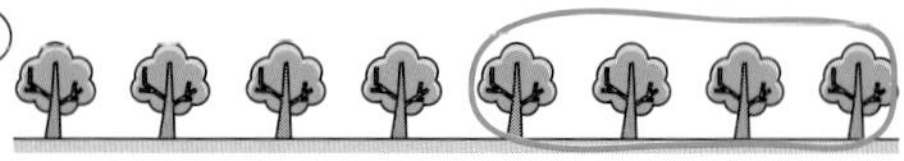

③

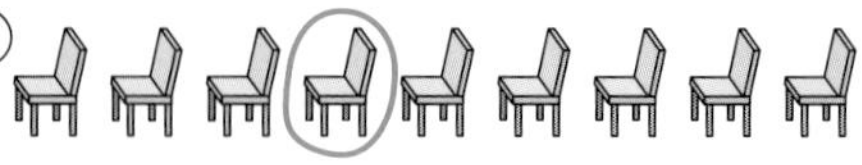

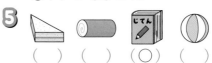

4 ①5じ15ふん ②3じ33ぷん

③11じ58ふん

5

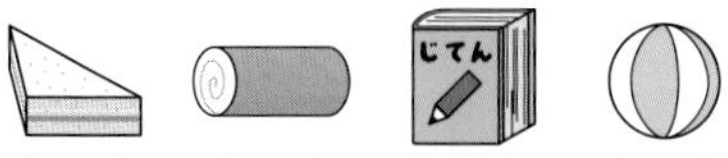

( ) ( ) (○) ( )

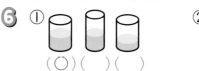

6 ①

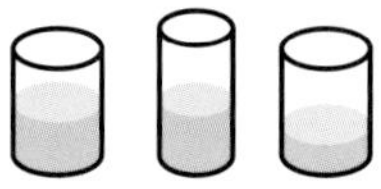

(○) ( ) ( )

②

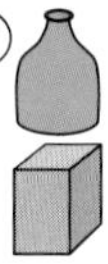

( )

(○)

7 ①4 ②5 ③4

おうちの方へ **1** 数の大小比較の問題では、数が3けた、2けた、1けたのどれかでまず区別し、大きい位の数字から比較していくことが身についているかを見ます。

3 数える基点をきっちり押さえることが大切です。「何番目」と「何個」の違いにも注意しましょう。

40 2年生の べんきょう

★**1** 100、2、3、6、236、236

★**2** ①

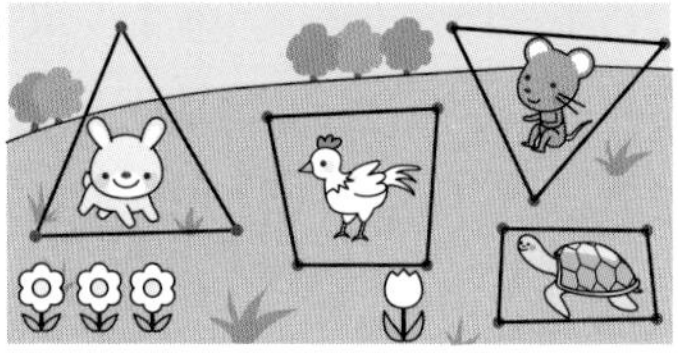

②3 ③4 ④さんかくけい

⑤しかくけい

おうちの方へ 2年生の内容です。

★**1** 2年生では、より大きい数について学んでいきます。

★**2** 図形では、三角形と四角形について勉強します。